普通高等教育"十三五"规划教材

水利工程制图

河海大学工程 CAD 与图学教研室　组织编写

苏静波　钟春欣　张珏　主编

中国水利水电出版社

www.waterpub.com.cn

·北京·

内 容 提 要

本书是依据教育部高等学校工程图学教学指导委员会 2015 年制定的《普通高等院校工程图学课程教学基本要求》，结合近年来水利工程制图教学改革的实际情况，按照国家最新发布的制图标准编写而成。

本书除绪论外，共分 13 章，主要内容有制图基本知识，投影基础知识，点、直线、平面，组合体，轴测投影，工程形体的表达方法，标高投影，水利工程图，计算机绘图，水利工程中的 BIM 技术，钢筋混凝土结构图，房屋建筑图和机械图等。

与本书配套的《水利工程制图习题集》，由水利水电出版社同时出版。

本书适用于水利类大学本科的少学时专业或相近专业的教学需要，也可供水利类大、中专院校、函授大学、电视大学、网络学院、成人高校等相关专业选用。

图书在版编目（CIP）数据

水利工程制图 / 苏静波，钟春欣，张珏主编；河海大学工程CAD与图学教研室组织编写. -- 北京：中国水利水电出版社，2018.12（2023.8重印）
普通高等教育"十三五"规划教材
ISBN 978-7-5170-7220-1

Ⅰ．①水… Ⅱ．①苏… ②钟… ③张… ④河… Ⅲ. ①水利工程－工程制图－高等学校－教材 Ⅳ. ①TV222.1

中国版本图书馆CIP数据核字(2018)第273688号

书　　名	普通高等教育"十三五"规划教材 **水利工程制图** SHUILI GONGCHENG ZHITU
作　　者	河海大学工程 CAD 与图学教研室　组织编写 苏静波　钟春欣　张珏　主编
出版发行	中国水利水电出版社 （北京市海淀区玉渊潭南路 1 号 D 座　100038） 网址：www.waterpub.com.cn E-mail：sales@mwr.gov.cn 电话：(010) 68545888（营销中心）
经　　售	北京科水图书销售有限公司 电话：(010) 68545874、63202643 全国各地新华书店和相关出版物销售网点
排　　版	中国水利水电出版社微机排版中心
印　　刷	北京市密东印刷有限公司
规　　格	184mm×260mm　16 开本　15.75 印张　382 千字　4 插页
版　　次	2018 年 12 月第 1 版　2023 年 8 月第 3 次印刷
印　　数	6001—9000 册
定　　价	**47.00 元**

凡购买我社图书，如有缺页、倒页、脱页的，本社营销中心负责调换
版权所有·侵权必究

前言

　　本书是依据教育部高等学校工程图学教学指导委员会 2015 年制定的《普通高等院校工程图学课程教学基本要求》，按照新时期人才培养的要求，总结近年来教学改革的经验，由河海大学工程 CAD 与图学教研室组织编写完成的。可供水利类大学本科制图少学时专业或相近专业的教学使用，也可供水利类专科学校、中等专科学校、职工大学及函授自学使用。与本书配套的《水利工程制图习题集》，由中国水利水电出版社同时出版。

　　本书具有下列特点：

　　（1）本书在体系上贯彻以形体为主线，以图示法为重点的教学思想，在介绍常见的几何形体和水利工程中常见的几何形体的基础上，建立用投影图表达空间形体的概念，以期突出基础内容、突出重点知识、突出水利类专业特色。

　　（2）采用了最新的国家相关标准和行业标准。鉴于水利部在 2013 年 2 月发布了新的《水利水电制图标准》（SL 73.1～SL 73.6），考虑到行业的需求和针对性，教材采用了新的《水利水电制图标准》中的一些内容。

　　（3）计算机绘图单独成章，选用 AutoCAD 2018（中文版）软件工具，介绍了绘图环境的设置方法、绘图工具的使用、平面构图和水工图样绘制方法等基础内容。

　　（4）鉴于 BIM（Building Information Modeling）技术在水利工程领域的逐步普及和应用，本书简要介绍了 BIM 技术现状、主要软件以及水利工程中的相关应用。

　　本书由殷佩生老师审阅，并提出了许多宝贵意见，教研室其他老师也提出了很好的建议，在此谨向他们表示衷心的感谢。同时我们也要感谢曾经为本书出版提供前期素材的教研室的各位前辈。

　　本书由苏静波、钟春欣、张珏任主编，全书由苏静波统稿，参加编写工作的有：苏静波（绪论、第 1 章、第 6 章、第 8 章、第 13 章、第 10 章 10.3

和 10.4)、李昂（第 2 章、第 10 章 10.1 和 10.2)、钟春欣（第 3 章、第 7 章、第 11 章)、张珏（第 4 章)、邹丽芳（第 5 章 5.3、第 9 章 9.2 和 9.5)、宋广惠（第 5 章 5.1、5.2 和 5.4)、刘琳（第 9 章 9.1、9.3 和 9.4)、马志国（第 12 章)。

书中不妥和疏漏之处，恳请读者批评指正。

编　者

2018 年 6 月于南京清凉山麓

目录

附图

设计者，建设者，施工者。

绪　论

1. 本课程的性质和任务

水利工程制图是高等院校水利类各专业必修的一门技术基础课，是培养学生空间思维能力、形象思维能力、图形表达能力、绘制和阅读水利工程专业图样能力以及利用计算机绘制图形能力的课程。

图是生活、学习和工作中不可缺少的表达、交流思想的重要工具，工程图样是"工程技术界的语言"，是用来表达设计意图、交流技术思想的重要工具，也是用来指导生产、施工、管理等技术工作的重要技术文件。学习本课程时，应注意掌握以下基本内容和基本技能：

（1）掌握基本的投影原理、方法以及相关的工程制图标准。

（2）培养空间想像能力和图解空间几何问题的能力。

（3）提高对工程结构物的认知和理解能力，绘制和阅读水利工程图样、以及用计算机生成工程图样的能力。

（4）善于理论联系实际，灵活应用所学知识，以此提高分析和解决工程中实际问题的能力。

（5）坚持严谨细致的学风，以利于提高图学素养。

2. 本课程的内容和研究对象

本课程的主要内容分为三部分：工程制图基础、水利工程制图和计算机绘图。

工程制图基础主要是以空间物体与平面图形之间的关系为研究对象，研究空间物体转换为平面图形以及由平面图形构想空间物体的投影理论、方法，为专业制图提供理论基础。

水利工程制图以水利工程应用为背景，研究适用于工程设计、施工、制造以及科学研究的图示方法、标准，是制图基础理论的应用。

计算机绘图是相对于手工绘图而言的一种高效率、高质量的绘图技术。本书主要介绍AutoCAD 2018 与 BIM 相关技术，为学生掌握现代化绘图技术打下坚实基础。

3. 本课程的特点和学习方法

本课程的主要特点在于课程内容的基础性、工程性和应用性。基础性反映在空间构形思维能力和平面图样表达能力的培养；工程性体现在教学内容与工程结构物相关，课程知识的掌握不仅在于对原理、方法和规定的理解，还需要一定的工程背景知识的支撑；应用性体现在教学内容与专业相关，图样的表达在不同行业的应用中会反映出各自的特点。

在本课程学习中需要注意以下几个方面：

（1）本课程的主要内容是研究空间形体在平面上的投影规律。因此，学习时要注意分析和想象空间形体与平面图形的对应关系，重视由物画图、由图想物的练习，有意识地培养空间形体构思能力。初学者应善于借助于日常生活中的事物和形体帮助理解投影规律。

（2）本课程是一门实践性很强的课程，理解原理和动手实践一样重要，要善于运用原理去解决具体的问题，从工程中来，到工程中去。掌握投影作图方法和技能，需要通过系统的和一定量的练习。在课程的复习或预习时，不能单纯地阅读教材，而是要边看教材边做练习，通过解题实践帮助理解和记忆。

（3）仪器、徒手和计算机绘图练习的目的，不仅仅是为了完成一张合格的、高质量的图样，更重要的是通过绘图练习掌握形体表达方法和正确的绘图方法，以及熟悉制图标准和培养认真细致、严谨的工作作风。因此，仪器、徒手和计算机绘图的练习仍是本课程中培养动手能力、传授和提高技能所必不可少的一个重要的教学环节，必须珍惜每一次练习，并且做到仪器（徒手）绘图和计算机绘图并重。

国标匹幅 { 图幅大小 A₀ A₁ A₂ A₃ A₄.

第1章 制图基本知识

1.1 制图标准

图样是工程技术界的语言，用来表达设计意图、指导生产和进行技术交流。为了便于生产和技术交流，绘制工程图样必须遵守统一的规定，这个统一的规定就是制图标准。

目前，国内执行的制图标准主要有《技术制图》(GB/T 14689—2008、GB/T 10609.1—2008、GB/T 17450—1998、GB/T 14690—1993、GB/T 14691—1993、GB/T 14692—2008)、《机械制图》(GB/T 4457.4—2002、GB/T 4457.5—2013、GB/T 4458.1—2002、GB/T 4458.6—2002、GB/T 4459.1—1995、GB/T 4459.7—1998)、《房屋建筑制图》(GB/T 50001—2010、GB 50103—2010、GB/T 50104—2010、GB/T 50105—2010) 等系列国家标准及《水利水电工程制图标准》(SL 73.1—2013～SL 73.6—2013)、《港口工程制图标准》(JTJ 206—1996) 等部门标准。本节结合《技术制图》《水利水电工程制图标准》和《港口与航运工程制图标准》(JTS/T 142—1—2019)，介绍其中的几项基本规定，其他的制图标准内容将在后续章节的专业图样中介绍。

1.1.1 图纸幅面、格式及标题栏

图纸幅面是指图纸的宽度 B 和长度 L 决定的纸张大小规格，通常用细实线绘制（图1.1）。无论图纸是否装订，都应画出图框，图框用粗实线绘制，图 1.1 所示为留有装订边的图纸格式，不留装订边的图纸图框线与幅面线间距四边均为 e。同一工程设计中的图样只能采用同一种格式，图样必须画在图框内。

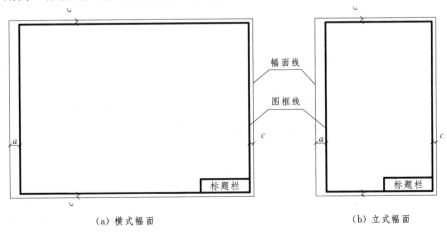

(a) 横式幅面　　　　　　　　　　　　　　(b) 立式幅面

图 1.1　图纸幅面和格式（有装订边）

基本幅面和图框尺寸应符合表 1.1 的规定，如果基本幅面不能满足绘图的需要，可按有关规定加长幅面。

表 1.1 基本幅面和图框尺寸

幅面代号	A0	A1	A2	A3	A4
$B \times L$/mm	841×1189	594×841	420×594	297×420	210×297
e/mm	20			10	
c/mm	10			5	
a/mm	25				

不论是横式幅面或立式幅面，都应在图框右下角画一标题栏。通常情况下标题栏中的文字方向为看图方向。标题栏的格式及项目一般由设计单位自定，图 1.2（a）为《水利水电工程制图标准》中建议的标题栏格式，图 1.2（b）为本课程作业中采用的标题栏格式。

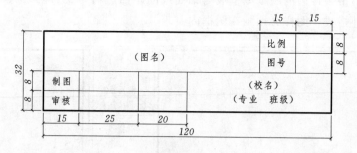

(a)《水利水电工程制图标准》建议的标题栏格式

(b) 本课程采用的标题栏格式

图 1.2 标题栏格式

1.1.2 图线画法及应用

工程图样应采用表 1.2 规定的图线。图线的宽度 b 应根据图样的类型和图形大小确定，在 0.13mm、0.18mm、0.25mm、0.35mm、0.5mm、0.7mm、1.0mm、1.4mm、2.0mm 中选取。

4

表 1.2　　　　　　　　　　　　　　图 线 及 其 用 途

图线名称	图 线 型 式	线宽	主 要 用 途
粗实线		b	可见轮廓线
虚线	≈1　3~6	$b/2$	不可见轮廓线
细实线		$b/4$	尺寸线、尺寸界线、剖面线、引出线
点画线	3~5　10~30	$b/4$	中心线、轴线、对称线
双点画线	≈5　10~30	$b/4$	假想投影轮廓线、运动构件在极限或中间位置轮廓线
波浪线		$b/4$	构件断裂处的边界线、局部剖视的边界线
折断线		$b/4$	构件断裂处的边界线、断开界线

图线的应用举例如图 1.3 所示。

画各类图线应注意下列几点。

（1）同一图样中图线的类型和宽度宜一致，各类图线的粗细区分应明显，如图 1.4 所示。

（2）在较小的图形上画点画线有困难时，可用细实线代替，如图 1.4 所示。

（3）各种图线相交时，均应交在线段处，如图 1.5 和图 1.6（a）所示。当虚线为实线的延长线时，连接处应留空隙，如图 1.6（b）所示。

（4）点画线和双点画线的首末两端应绘为线段，如图 1.5 所示。点画线超出图形部分一般宜为 3~5mm。

1.1.3　字体

图样中书写的汉字、数字、字母等均应字体端正，笔画清晰，排列整齐，间隔均匀。

字体的号数（简称字号）指字体的高度，图样中字号可用 2.5mm、3.5mm、5mm、7mm、10mm、14mm、20mm。字宽宜为字高的 0.7~0.8 倍，如图 1.7 所示。

1. 汉字

汉字应采用国家正式公布的简化字，宜采用长仿宋体，A0 图幅汉字最小字高不宜小

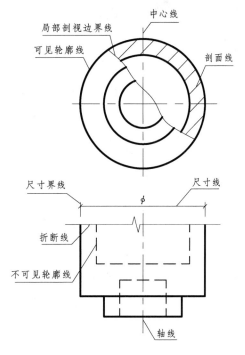

图 1.3　图线的应用

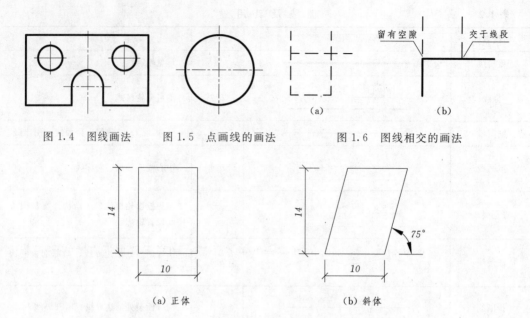

图 1.4 图线画法   图 1.5 点画线的画法   图 1.6 图线相交的画法

（a）正体   （b）斜体

图 1.7 字体格式

于 3.5mm，其余图幅不宜小于 2.5mm。长仿宋字例如图 1.8 所示。

5号

农水文施工海港建筑管理专业班级制图号审核比例单位毫厘米

7号

水利电力工业大学专科院校正俯视纵剖视总平面图

10号

枢纽总布置图水坝溢洪道电站厂房码头挑流鼻
坎栏污栅检修排灌涵洞渡槽渠河止水翼墙挡土
闸门工作公路桥引航上下游系船护木钢筋混凝
土结构重力支墩护坦海漫消力池反滤层挖填方
仓库房屋建筑物细部蜗壳尾管平台轨边防波堤
拱孔启闭机鱼道坞室控制阀配合比例技术梁板
柱桩设计施工历年最高低正常水位角度轴线半
径材料泥沙卵砾灰砖瓦油毛毡沥青场地粘斜坡

图 1.8 长仿宋字例

2. 字母、数字

字母和数字可写成斜体或直体，斜体字字头向右倾斜，与水平线约成 75°，如图 1.7
（b）所示。阿拉伯数字、罗马数字及拉丁字母字例如图 1.9 所示。

阿拉伯数字	*0123456789*
罗马数字	*I II III IV V VI VII VIII IX X XI XII*
拉丁字母	*ABCDEFGHIJKLM* *NOPQSTUVWXYZ* *abcdefghijklmnopqrstuvwxyz*

图 1.9　数字和字母字例

1.1.4　比例

工程建筑物的尺寸很大，各部分的复杂程度也不一样，图样需要根据表达的范围和重点按一定的比例来画。

图上线段长度与相应实际线段长度之比称为比例，即

$$比例 = \frac{图上线段长度}{实际线段长度}$$

工程图上必须注明绘图比例。当整张图纸中只用一种比例时，应统一注写在标题栏内。否则应分别注写在相应图名的右侧或下方，比例的字高应较图名字体小 1 号或 2 号，如：

$$平面图\ 1：200 \quad 或 \quad \frac{平面图}{1：200}$$

水工图的绘图比例，可选用 $1：1$、$1：10^n$、$1：2 \times 10^n$、$1：5 \times 10^n$（n 为正整数）。必要时也可选用 $1：1.5 \times 10^n$、$1：2.5 \times 10^n$、$1：3 \times 10^n$、$1：4 \times 10^n$。

无论采用何种比例作图，图样上所注尺寸数字都应反映物体的实际大小，如图 1.10 所示。

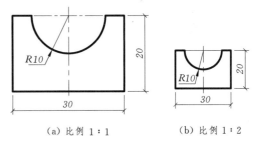

(a) 比例 1：1　　　　　(b) 比例 1：2

图 1.10　尺寸注实长

1.1.5　尺寸注法

图样上除用图形表示物体的形状外，还需要标注尺寸确定物体各部分的实际大小及相对位置。图上的尺寸是施工的重要依据，必须按国家制图标准的规定标注，并注写准确，清晰整齐。

图样上尺寸是由尺寸界线、尺寸线、尺寸起止符号和尺寸数字组成（图 1.11）。

1. 尺寸界线

尺寸界线表示尺寸的范围，应采用细实线绘制，可自图形的轮廓线或中心线沿其延长线方向引出，或从轮廓线段的转折点引出。尺寸界线宜与被标注的线段垂直，轮廓线、轴

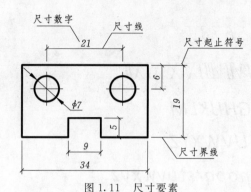

图 1.11　尺寸要素

线或中心线也可作为尺寸界线。由轮廓线延长引出的尺寸界线与轮廓线之间宜留有 2～3mm 的间隙，并应超出尺寸线 2～3mm。

2. 尺寸线

尺寸线表示度量的方向，应采用细实线绘制，其必须平行于被标注方向，两端应指到尺寸界线。不可用图样中的轮廓线、轴线、中心线等其他图线及其延长线代替。

3. 尺寸起止符号

尺寸起止符号表示尺寸的起止点，可采用箭头形式或 45°细实线绘制的 $h=3mm$ 的短画线，如图 1.12 所示。同一张图中宜采用一种尺寸起止符号的形式。

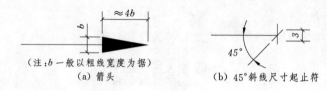

（注：b 一般以粗线宽度为据）
　　（a）箭头　　　　　　　　　　　（b）45°斜线尺寸起止符

图 1.12　尺寸起止符号

4. 尺寸数字

尺寸单位为 mm，不需注写在尺寸数字之后，若采用其他尺寸单位应在图纸中加以说明。尺寸数字一般应沿尺寸线写在中间，具体位置及方向视尺寸线而定 ［图 1.13（a）］。应尽量避免在图示 30°范围内注写尺寸，如无法避免时，可引出标注 ［图 1.13（b）］。

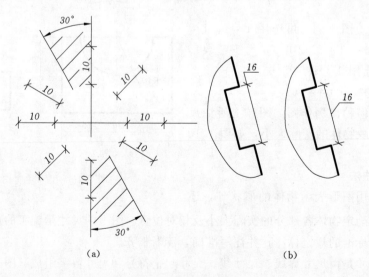

（a）　　　　　　　　　　　　　　　　（b）

图 1.13　尺寸数字注法

尺寸注法的示例和注意事项见表1.3。

表 1.3 尺寸标注示例和注意事项

说　　明	示　　例
标注相互平行的尺寸时，应小尺寸在内侧，大尺寸在外侧，两尺寸线间的距离应大于 7mm，且全图一致	 正确注法　　　　错误注法
同一张图内，尺寸数字应大小一致	 正确注法　　　　错误注法
轮廓线、中心线等可作为尺寸界线，但不能作为尺寸线	 正确注法　　　　错误注法
当尺寸界线之间的距离较小时，尺寸数字可标注在尺寸线的外侧，或上下错开，也可引出标注，尺寸起止符号也可用点代替	
尺寸数字不可被任何图线和符号穿过，当无法避免时，应将其他图线断开	 正确注法　　　　错误注法
直径注法： 　标注直径时，尺寸线一般应通过圆心，尺寸起止符号应画成箭头，在直径尺寸数字前应加注直径符号"ϕ"。圆及大于半圆的圆弧尺寸应标注直径	
半径注法： 　标注半径时，尺寸线应通过圆心，且只在与圆弧接触的终端画一个箭头，在半径尺寸数字前应加注半径符号"R"。 　半圆及小于半圆的圆弧尺寸应标注半径 　当圆弧半径很大或在图纸范围内无法标出圆心位置时，可按图（d）所示的方法标注	 　（a）　　　（b）　　　（c）　　　　（d）

说　明	示　例
角度的注法： 　标注角度的尺寸界线是该角的两条边，应沿径向引出，角度的尺寸线是以该角顶点为圆心的圆弧线，角度的起止符号应以箭头表示，角度数字宜水平标注在尺寸线的外侧上方或引出标注	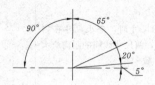
坡度的注法： 　坡度为两点的高程差与其水平距离之比，如图（a）所示，$BC=1$，$AB=2$，则 AC 的坡度$=1/2$，写成 $1:2$，如图（b）所示。当坡度平缓时，坡度可用百分数表示，标注方法如图（c）所示，箭头表示下坡方向	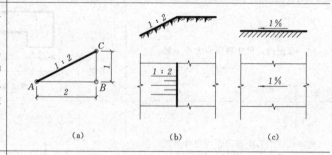
高程的注法： 　投射方向平行于水平面的视图和剖切面垂直于水平面的剖视图、断面图可用被标注高度的水平轮廓线或其引出线标注标高界线，标高符号可采用细实线绘制的等腰直角三角形表示，如图（a）所示。 　平面图中标高宜标注在被注平面的范围内，图形较小的，可将符号引出标注。平面图中标高符号采用矩形方框内注写标高数字的形式，方框用细实线画出；或采用圆圈内画十字并将其中的第一、第三象限涂黑的符号，圆圈直径与字高相同，如图（b）所示。 　水面标高简称水位的符号如图（c）所示，在立面标高三角形符号所标的水位线以下加三条等间距、渐缩短的细实线表示，特征水位的标高应在标高符号前注写特征水位名称	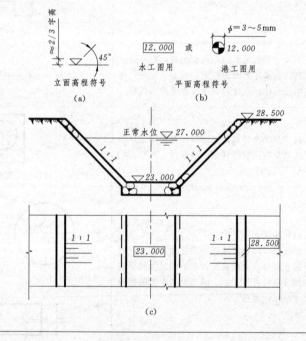
多层结构尺寸的注法： 　用引出线引出多层结构的尺寸时，引出线必须垂直通过被引的各层，文字说明和尺寸数字应按结构的层次注写	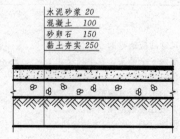

1.1.6 建筑材料图例

水利工程图样中凡需表达建筑材料图例的，均应按表1.4的规定绘制。

表1.4 　　　　　　　　　　常用建筑材料图例

材料		符号	说明	材料	符号	说明
水、液体			用尺画水平细线	金属	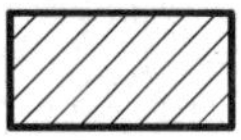	斜线为45°细实线，用尺画
天然土壤			徒手绘制	岩基	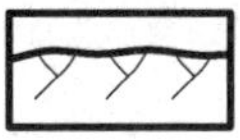	
混凝土			石子有棱角	夯实土	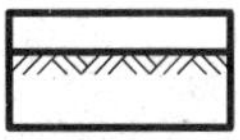	斜线为45°细实线，用尺画
干砌块石			石缝要错开，空隙不涂黑	钢筋混凝土		斜线为45°细实线，用尺画
卵石			石子无棱角	浆砌块石	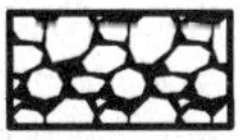	石缝之间空隙要涂黑
木材	纵断面			碎石	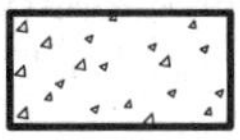	石子有棱角
	横断面					
砂、灰土、水泥砂浆			点为不均匀的小圆点	多孔材料	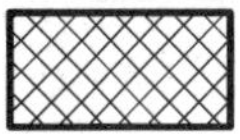	斜线为45°细实线，用尺画

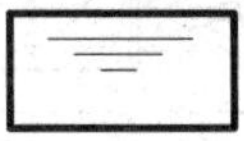

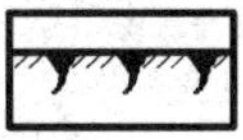

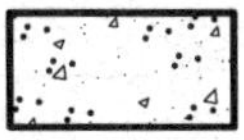

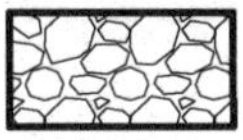

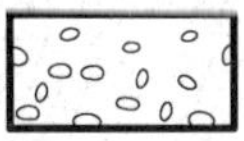

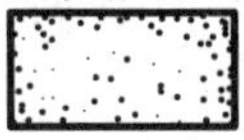

注　1. 当断面面积很大时，符号不需要画满；图样中宽度≤1.5mm 的断面，建筑材料图例可用涂黑代替。
　　2. 当不需指明材料类型时，可通用45°剖面线。

1.2　制图工具及其使用

　　正确地使用制图工具，是提高制图的质量，加快制图速度的基础。下面介绍一些在制图中常用的制图工具及其使用方法（表1.5）。

表1.5 　　　　　　　　　　制图工具及其使用

说　明	示　例
图板是用来固定图纸和作绘图垫板用的，图板的板面要求平整，工作边应平直。 　丁字尺主要是用来画水平线。尺身工作边要求平直。使用时，要保证丁字尺的尺头始终紧靠图板的工作边	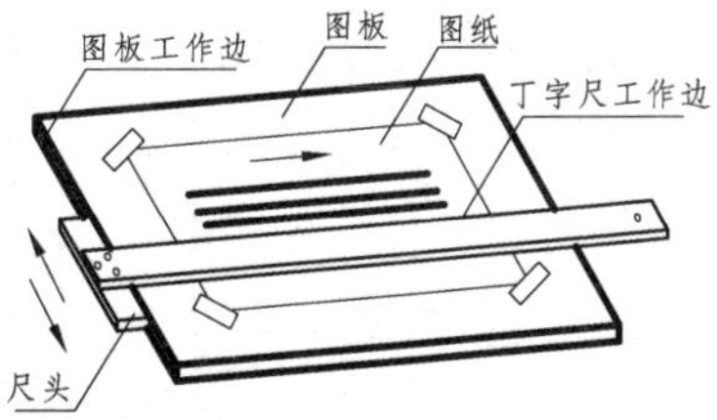 图板工作边　图板　图纸　丁字尺工作边 尺头

说　明	示　例
三角板每副有两块，与丁字尺配合，可以画垂直线及与水平线成 15°倍角的斜线。 　　两块三角板配合，可以画任意直线的平行线和垂直线	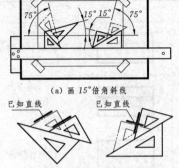 （a）画 15°倍角斜线 （b）画已知直线的平行线或垂直线
画水平直线的要领是：左手按住尺身，并使尺头紧靠图板，右手从左向右画线。 　　画垂直线的要领是：先把丁字尺定好位，使尺头紧靠图板，然后用左手按住尺身，再把三角板放在所要画的垂直线的右边并紧靠丁字尺，同时用手按住。画线时从下向上画	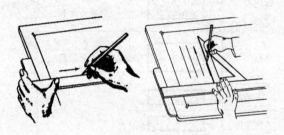
铅芯的软硬用字母"B"及"H"表示，"H"前面的数字越大表示铅芯越硬，"B"前面的数字越大表示铅芯越软、越黑。画图时不要用过硬或过软的铅芯，建议选择2H、H、HB 和 B 4 种。画底稿及细线用2H 或 H 铅笔；画粗线用 HB 或 B 铅笔；写字和画符号用 H 或 HB 铅笔。 　　铅笔应削成圆锥形，铅芯可用砂纸磨成圆锥形或楔形，如图（a）所示。 　　运笔要领：铅笔与纸面和尺身的相互位置如图（b）所示。画线时速度要均匀，画长线时是肘臂移动而手腕不转动。要经常转动铅笔，使笔芯各方向磨损均匀	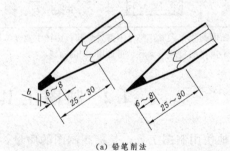 （a）铅笔削法 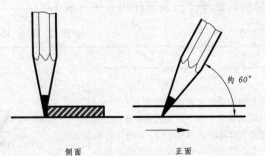 侧面　　　　　正面 （b）运笔方法

续表

说　　明	示　　例
如图（a）所示比例尺是按比例量取尺寸的工具。尺上有几种不同比例的刻度，单位为 m，刻度数值表示相应比例时该段长度代表的实际长度。 　　采用比例尺上已有的比例绘图时，可直接用尺上刻度量取尺寸，不需进行计算。 　　利用同一比例刻度可以读出几种比例的数值，如图（b）所示，可用 1∶500 的比例去量画 1∶50 或 1∶5000 的线段，不过应将对应的读数缩小或放大 10 倍	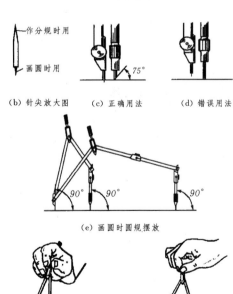 （a）比例尺 （b）比例尺用法
圆规用来画圆或圆弧，卸下铅笔插脚，换上钢针插脚可作分规用，如图（a）所示。 　　画圆时，针尖用台阶形的一端［图（b）］，针尖应比铅芯略长一点［图（c）、图（d）］，铅芯应比画直线的铅笔软一级，如画直线用 HB 铅笔，则圆规中宜用 B 的铅芯。 　　画圆时针尖和铅芯应垂直纸面。画大圆时可装上延伸杆（同样要保持针尖和铅芯垂直纸面），如图（e）所示。 　　画圆时的要领是：用右手大拇指和食指捏住圆规的顶部，用左手的食指推送针尖到圆心的位置［图（f）］，旋转时的速度、用力都要均匀，并使圆规稍向旋转方向倾斜一些［图（g）］	（a）圆规及其插脚 　作分规时用　　画圆时用 （b）针尖放大图　（c）正确用法　（d）错误用法 （e）画圆时圆规摆放 （f）圆心摆放　　（g）画圆方法

说　明	示　例

(a)　　　　　　　　　　(b)

曲线板［图（a）］用来绘制通过一系列点［图（b）］的非圆曲线。使用曲线板绘图时，应先徒手用笔轻轻地依次将已知各点光滑连接［图（c）］，然后根据曲线上各点的弯曲趋势，找出曲线板与曲线相吻合的线段进行连接并描深［图（d）］。每次描绘的曲线段应尽量多吻合几点，并包含前一次吻合的最后两点［图（e）］，以确保所连接曲线的光滑性［图（f）］

(c)　　　　　　　　　　(d)

(e)　　　　　　　　　　(f)

1.3 几 何 作 图

1.3.1 作圆的内接正多边形

1. 作圆的内接正六边形

（1）方法一：用圆规画正六边形（图 1.14）。

1）分别以直径的两端点 1、4 为圆心，以 r 为半径画圆弧与圆周交于 2、3、5、6 四点。

2）依次连接各点，即得到正六边形。

（2）方法二：用三角板画正六边形（图 1.15）。

1）用 60°三角板过点 1、4 两点作线段 12、45，如图 1.15（a）所示；反转三角板，过 1、4 两点作线段 16、34，如图 1.15（b）所示。

2）连接水平线 23、56，即可完成作图。

2. 作圆的内接正 n 边形（$n=5$）

（1）把直径 AB 分为五等分，以 B（或 A）为圆心，AB 为半径作圆弧与水平直径 CD 的延长线交于 E、F 两

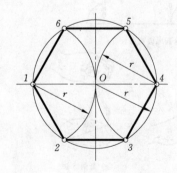

图 1.14　用圆规画正六边形

点，如图 1.16 （a）所示。

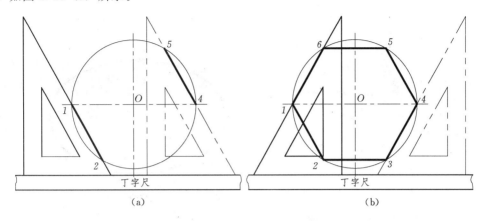

图 1.15 用三角板画正六边形

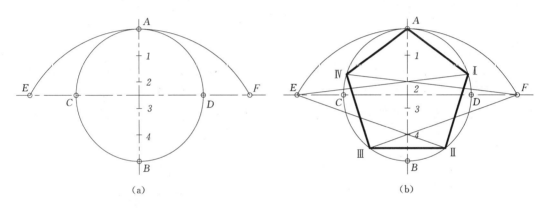

图 1.16 正五边形画法

（2）过 E、F 两点与直线 AB 上的偶数（或奇数）点 2、4 相连，并延长与圆周交于 Ⅰ、Ⅱ、Ⅲ、Ⅳ 各点，如图 1.16 （b）所示。顺次连接 A、Ⅰ、Ⅱ、Ⅲ、Ⅳ、A 各点，即为所求。

1.3.2 椭圆的近似画法

1. 四圆心法

（1）在短轴 CD 延长线上取点 M，使 OM＝OA，连接 AC，在 AC 上取 CN＝CM。作 AN 的中垂线与长短轴各交于 1、2 两点，并找出它们的对称点 3、4，即得近似椭圆四段圆弧的圆心，如图 1.17 （a）所示。

（2）连接 12、23、14、43 并延长，分别以 1、3，2、4 为圆心，1A 及 2C 为半径作圆弧，四段圆弧连接起来就得近似椭圆，切点 K、L、M、N 都在圆心连线上，如图 1.17 （b）所示。

2. 同心圆法

（1）以 O 为圆心，分别以长轴 AB、短轴 CD 为直径画两个同心圆。过点 O 作任意条放射线（图中每 30°画一条），与大、小圆分别交于 1、2、3、…、12 和 1′、2′、3′、…、

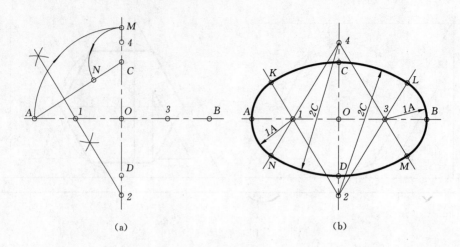

图 1.17   四圆心法画椭圆

12′等点，如图 1.18（a）所示。

（2）过 1、2、3、…、12 等点分别画短轴的平行线，过 1′、2′、3′、…、12′等点分别画长轴的平行线，两组相应直线的交点 E、F、C、…、A 即为椭圆上的点；用曲线板依次光滑连接各点即得近似椭圆，如图 1.18（b）所示。

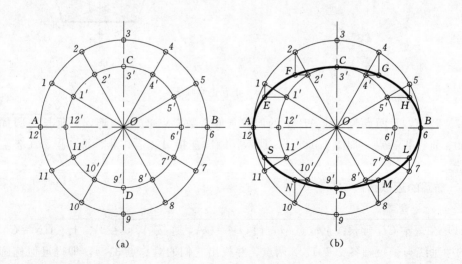

图 1.18   同心圆法画椭圆

1.3.3   圆弧连接

在工程图样中，常常遇到由一条线（直线或圆弧）光滑地过渡到另一条线的情况，这种光滑地过渡，称为连接。最常见的是用圆弧把两条已知线（直线或圆弧）连接起来，这个起连接作用的圆弧称为连接弧。作图时，就是设法使连接弧与两已知线相切。

欲画出连接弧，须先定出它的 3 个要素：圆心、连接点（切点）及半径。在实际作图时，通常连接弧半径为已知，主要是求出连接弧的圆心及连接点（切点）。根据初等几何原理：若以 R 为半径的圆弧与一直线相切时，其圆心必在与已知线平行且距离为半径 R 的直线上，过圆心向已知直线作垂线，垂足 K 就是切点，如图 1.19 所示。

若以 R 为半径的圆弧与圆心为 O_1、半径为 R_1 的圆弧相切时，半径为 R 圆弧的圆心轨迹是已知圆弧的同心圆。当两圆外切时，轨迹圆的半径 $R_2 = R_1 + R$；两圆内切时，$R_2 = R_1 - R$。两圆心的连线与已知圆弧的交点就是切点，如图 1.20 所示。

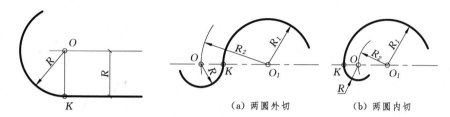

（a）两圆外切　　　（b）两圆内切

图 1.19　直线圆弧连接　　　　　图 1.20　两圆弧连接

1. 用半径为 R 的圆弧连接两直线 AB、BC

（1）分别作与直线 AB、BC 距离为 R 的平行线，此两平行线的交点 O 即为所求连接圆弧的圆心。

（2）过点 O 作 AB、BC 的垂线，垂足 K、L 即切点。

（3）以 O 为圆心，R 为半径，在 K、L 两点之间作圆弧，即为所求，如图 1.21 所示。

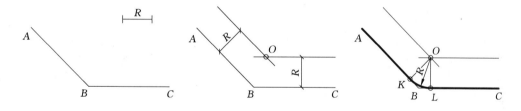

图 1.21　圆弧连接两直线

2. 用半径为 R 的圆弧连接已知直线 AB 及圆弧（圆心 O_1，半径 R_1）

（1）以 O_1 为圆心，以 $R_2 = R_1 - R$ 为半径画圆弧；作与直线 AB 距离为 R 的平行线，两者交于点 O 即为所求连接圆弧的圆心。

（2）过点 O 作直线 BC 的垂线，垂足为 K；连接点 OO_1 并延长与已知圆弧交于点 L，K、L 两点即为切点。

（3）以 O 为圆心，R 为半径，在 K、L 两点间作圆弧，即为所求，如图 1.22 所示。

3. 用半径为 R 的圆弧连接两已知圆弧（两圆心 O_1、O_2，半径 R_1、R_2）

（1）分别以 O_1、O_2 为圆心，以 $R + R_1$、$R + R_2$（内切时以 $R - R_1$、$R - R_2$）为半径画圆弧，两者交于点 O 即为所求连接圆弧的圆心。

（2）连接 OO_1、OO_2，分别与已知圆弧交于点 K、L（内切时延长线与已知圆弧交于点 K、L），K、L 两点即为切点。

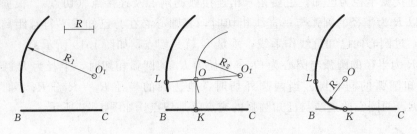

图 1.22　圆弧连接直线和圆弧

（3）以 O 为圆心，R 为半径，在 K、L 两点间作圆弧，即为所求，如图 1.23 所示。

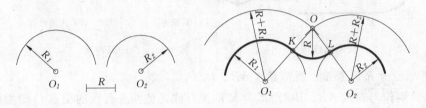

（a）与两圆弧外切

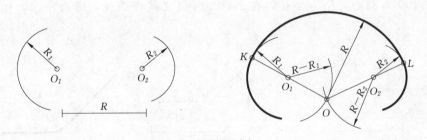

（b）与两圆弧内切

图 1.23　圆弧连接两已知圆弧

1.4　平面图形的分析

　　物体的视图是一个平面图形，而每一个平面图形又是由若干条线段构成的一个有机整体。画图之前，必须依据图形及其尺寸，通过分析，明确每一条线段的形状、大小及相对位置，才能准确地画出平面图形。

1.4.1　平面图形的尺寸

　　平面图形的尺寸按作用可分为定形尺寸和定位尺寸。

　　1. 定形尺寸

　　确定图形上各线段形状及大小的尺寸称为定形尺寸，如线段的长度、圆及圆弧的直径或半径等，图 1.24 中的尺寸 35、50、$R10$、$\phi13$ 都是定形尺寸。

2. 定位尺寸

确定图形上各线段及封闭图形之间相对位置的尺寸称为定位尺寸，如图 1.24 中的 15 和 25。

注定位尺寸时，必须以图形中的某些点或线段（如图形的边线、对称线或中心线等）作为基准，如图 1.24 中的尺寸 25 的基准是对称线，尺寸 15 的基准是上边线。

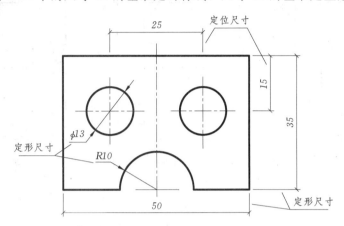

图 1.24 平面图形的尺寸

1.4.2 平面图形的线段分析

平面图形线段分析的目的是为了了解组成平面图形的各线段的类别，从而确定作图的步骤。

线段（直线或圆弧）按其定形尺寸和定位尺寸是否完全分为三类：已知线段、中间线段和连接线段。

1. 已知线段

注有齐全的定形尺寸和定位尺寸，作图时完全可以根据这些尺寸画出的线段。对于圆弧来说，就是已知圆弧的半径和圆心两个方向的定位尺寸；对于直线来说，就是已知线段两端点位置或直线上一点位置和直线的方向。如图 1.25 所示系船钩，其已知线段如图 1.26（a）所示。

2. 中间线段

指尺寸不够齐全，定形尺寸或定位尺寸之一由一个连接条件所代替的线段，如缺一圆心定位

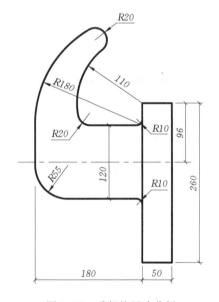

图 1.25 系船钩尺寸分析

尺寸的圆弧、已知一个端点或者只知道方向的直线等。图 1.26（b）中的圆弧 I 即为中间线段，该圆弧圆心 O_1 定位需根据已给尺寸 120 以及与左侧竖直线段相切条件确定。

3. 连接线段

尺寸不全，需由两个连接条件确定的线段。如仅知道半径的圆弧或未标注任何尺寸的直线，图 1.26（c）中的线段 II、III、IV、V、VI 均为连接线段。

19

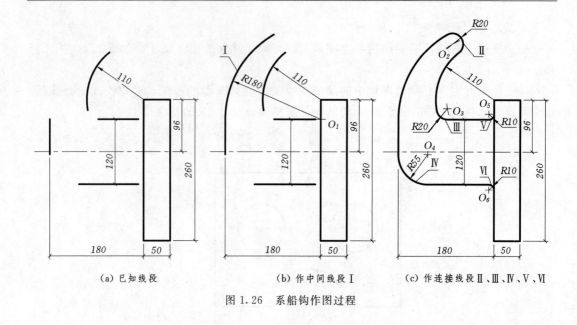

(a) 已知线段　　　　　　　　(b) 作中间线段 Ⅰ　　　　　(c) 作连接线段 Ⅱ、Ⅲ、Ⅳ、Ⅴ、Ⅵ

图 1.26 系船钩作图过程

1.5 手工绘图基本方法和步骤

1.5.1 仪器绘图

为了提高绘图质量及绘图速度，除应遵守制图的有关标准、正确地使用各种制图工具外，还应注意画图的方法和步骤。

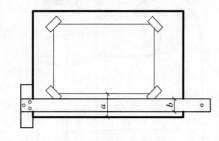

图 1.27 图纸在图板上的
固定位置（$a > b$）

1. 画图前的准备工作

（1）阅读必要的参考资料，了解所画图形的内容与要求。

（2）准备好必要的制图工具，削好各种硬度的铅笔与圆规上需用的铅芯。用清洁软布将图板、丁字尺、三角板擦干净，把手洗干净以免弄脏图纸。

（3）用胶带纸将图纸固定在图板左下方，如图 1.27 所示。固定图纸时，应使图纸的下边与丁字尺的工作边平行，图纸与图板边应留有适当空隙。

（4）把工具、资料放在便于取用又不影响作图的地方。画大图时，要用干净的纸张把图纸盖上，只露出要画图的部分，以免弄脏图纸。

2. 画底稿

（1）画图框及标题栏。

（2）确定绘图比例，根据图形大小、布置图面，使图形在图纸上的位置和大小适中，各图形间应留有适当空隙及标注尺寸的位置。

（3）先画图形的基准线、对称线、中心线及主要轮廓线，然后由大到小，由整体到局部，画出其他所有图线。

画底稿用 2H 或 H 铅笔，画出的线条应轻而细，要区分线型类别，但粗细可不分。

（4）底稿完成后，应认真仔细检查图形及尺寸等有无错误，并擦去多余的图线。

3. 铅笔加深

（1）加深应按照先细线后粗线（或先粗线后细线），先曲线后直线，先图形后尺寸，先图线后符号、文字的顺序，从上到下，从左到右进行。

（2）不同线型的粗细比例应符合标准，同类型的线条粗细浓淡应一致。加深时，铅芯要经常削磨。削磨后的铅芯应先试画，检查所画线粗细是否一致。

（3）图线要光滑，接头要整齐准确，如图 1.28 所示。加深粗线要以底稿线为中心线，以保证图形准确，连接光滑，如图 1.29 所示。

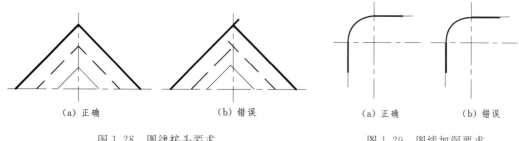

（a）正确　　　　　　（b）错误　　　　　　　　（a）正确　　　　（b）错误

图 1.28　图线接头要求　　　　　　　　图 1.29　图线加深要求

1.5.2　草图绘制

草图是用目估比例、徒手绘制的图样。工程技术人员在设计时，常常先绘制草图，进行构思和表达设计思想。用计算机绘图，也往往先绘制一张草图，以便更好地把握全局，精确地勾画细部。在参观和技术交流时，草图是记录和交流的重要方法。因此，工程技术人员必须学习和掌握绘制草图的技能。

草图虽然是目估比例、徒手绘制，但决非潦草之图。草图上的线条长短应大致符合比例，按投影关系画得工整、正确，线型符合要求。草图一般使用较软的铅笔（B 或 2B）绘制在方格纸上，铅笔削长一些，笔尖要圆滑些。手握笔不要太紧，持笔位置高一些，这样画起来比较自如。

1. 直线的画法

画直线时小手指微触纸面。眼睛看着直线的终点。

画水平线：自左向右画线，为了顺手可将图纸斜放，如图 1.30（a）所示。

画竖线：自上向下画线，如图 1.30（b）所示。

画斜线：自左向右画线，如图 1.30（c）所示。

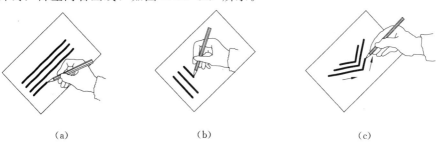

（a）　　　　　　　　　（b）　　　　　　　　　（c）

图 1.30　草图直线的画法

21

2. 常见角度线的画法

画角度线时，先画出角的一边，再画出该边的垂线，根据角的对边和邻边的近似比例关系，在垂线上定出一端点，然后沿角的顶点和该端点画出角的另一边，如图 1.31 所示。

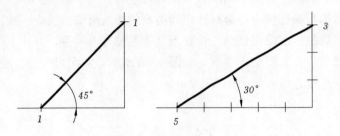

图 1.31　草图角度线的画法

3. 圆的画法

在确定圆心后，画出若干条过圆心的对称直线（直线的多少视圆的大小而定），在直线上根据半径定出相应点的位置，将这些点按顺序光滑连接，如图 1.32 所示。

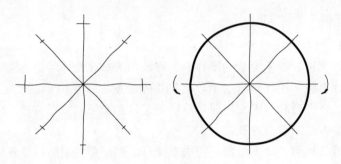

图 1.32　草图圆的画法

4. 立体草图的画法

画立体草图时，不要急于画细部，先要注意分析整体，即观察物体的几何构成、各部分之间的联系（由哪些基本几何体叠加而成，其中是否有切割变化等），以及长、宽、高之间的比例；其次，从形体的特点出发，决定将物体放在哪一个角度去画，尽可能使立体草图多反映一些物体的特征，通常将高度方向定为铅直方向，长度和宽度方向与水平线成30°；最后，还需考虑画图的顺序、图线的方向和长度等，如图 1.33 所示。

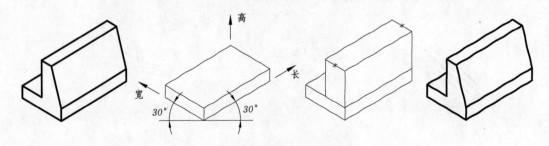

图 1.33　立体草图的画法

第2章　投影基础知识

2.1　投影法及其分类

2.1.1　投影法概述

如图 2.1 所示，设有点 S、平面 P 及三角形 ABC，连接 SA、SB、SC 并延长至与平面 P 交于点 a、b、c，则点 S 称为投射中心，平面 P 称为投影面，$\triangle abc$ 被称为三角形 ABC 在投影面 P 上的投影。这种将空间几何元素投射到投影面上的方法称为投影法。

2.1.2　投影法的分类

投影法分为中心投影法和平行投影法两类。

1. 中心投影法

当投射中心 S 距投影面 P 有限远时，求作

图 2.1　投影法

投影的方法称为中心投影法，如图 2.1 所示。这种投影法的特点是所有的投射线都交于投射中心 S，投影的形状和大小随投射中心、物体和投影面三者之间的距离变化而改变。

2. 平行投影法

当投射中心 S 移到无穷远处时，求作投影的方法称为平行投影法，如图 2.2 所示。这种投影法的特点是所有的投射线都互相平行，因此改变物体和投影面之间的距离不会改变投影的形状和大小。

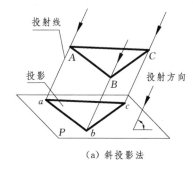
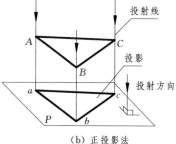

（a）斜投影法　　　　　　　　（b）正投影法

图 2.2　平行投影法

平行投影法按投射线与投影面的倾角不同又分为斜投影法和正投影法。

（1）斜投影法。当投射方向与投影面倾斜时求作投影的方法，如图 2.2（a）所示。

（2）正投影法。当投射方向与投影面垂直时求作投影的方法，如图 2.2（b）所示。

工程图样主要是根据正投影法绘制，因此若无特别说明，本书中所称的投影均指正投影。

2.1.3　工程中常见的投影图

由于图样所表达的对象（如建筑物、地形等）不同，表达的目的（用作施工依据或仅为了解概貌）不同，可采用不同的投影法得到不同的投影图。工程中常用的投影图有多面正投影图、轴测投影图、标高投影图和透视投影图。

1. 多面正投影图

多面正投影图是用多个正投影表达物体各个观测方向而得到的投影图，如图 2.3 是从一房屋的正前方、左侧方和上方投射所得到的投影图。

这种图的特点是：度量性好，可真实地表现物体的表面形状，作图简便，适用于表达设计、施工思想的技术文件，它是工程设计中采用的主要表达方法。其缺点是直观性不强，需具有投影知识才能看懂它。

2. 轴测投影图

轴测投影图是一种采用平行投影法绘制的单面投影图，如图 2.4 是图 2.3 所示房屋的轴测投影图。

这种投影图的特点是：具有立体感，直观性好。但是作图较费时，物体表面形状常常变形，因此多用作辅助图样。

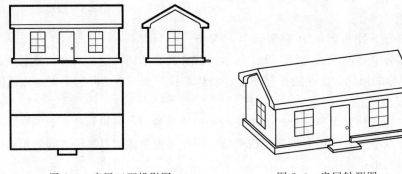

图 2.3　房屋三面投影图　　　　　图 2.4　房屋轴测图

3. 标高投影图

标高投影图是一种单面正投影图，多用来表达地形及复杂曲面。图 2.5（a）所示是

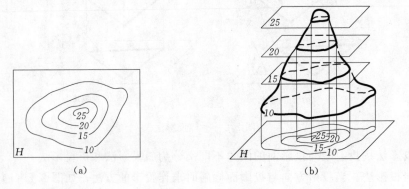

(a)　　　　　　　　　　(b)

图 2.5　标高投影图

一个小山丘的标高投影图，它是假想用一组高度差相等的水平面切割地面［图2.5（b）］，将所得到的一系列交线（称为等高线）投射在水平投影面上，并用数字标出这些等高线的高程而得到的投影图。

4. 透视投影图

透视投影图是按中心投影法绘制的单面投影图，图2.6（a）、（b）分别是一水闸实景图片和渡槽的透视图。透视图的优点是形象逼真，与人的视觉效果比较一致（图中等高栏杆柱的投影有近大远小的效果），特别适用于绘制大型建筑物的直观图。但是作图费时，物体表面形状变形，不易度量。

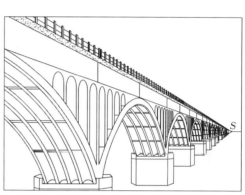

（a）水闸实景图　　　　　　　　　　　　（b）渡槽透视图

图2.6　透视图

2.2　直线、平面的投影特性

2.2.1　直线的投影特性

直线对投影面的相对位置有三种状态：平行、垂直和倾斜，其投影特性各不相同。

（1）当线段平行于投影面时，其投影反映线段的实长，如图2.7（a）所示。

（2）当直线垂直于投影面时，其投影具有积聚性，积聚成一点，如图2.7（b）所示。

（3）当线段倾斜于投影面时，其投影为比实长短的线段，如图2.7（c）所示。

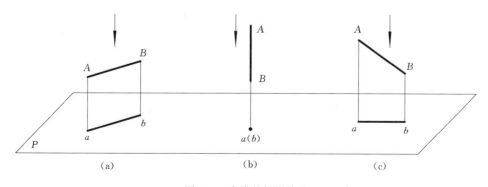

图2.7　直线的投影特性

2.2.2 平面的投影特性

平面对投影面的相对位置也有三种状态：平行、垂直和倾斜，当平面采用闭合线框围成的图形来表示时，其投影特性如下：

（1）当平面平行于投影面时，其投影具有实形性，反映该图形的真实形状，如图 2.8（a）所示。

（2）当平面垂直于投影面时，其投影具有积聚性，积聚成一直线，如图 2.8（b）所示。

（3）当平面倾斜于投影面时，其投影与原图形具有类似性，边数相同、凹凸性和平行性不变，如图 2.8（c）所示。

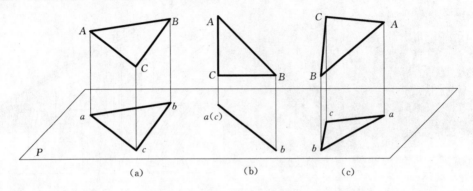

图 2.8 平面的投影特性

2.3 三面投影的形成及其投影规律

2.3.1 三投影面的建立

当物体与投影面的相对位置确定后，其投影是唯一确定的。但仅有物体的一个投影，不能确定它的空间形状、大小和位置，如图 2.9 所示。因此，工程中常采用物体在三个互相垂直的投影面上的投影（简称三面投影）来表达物体。

为了得到物体的三面投影，并建立三面投影的相互关系，设立三个互相垂直的投影面：水平面（H）、正立面（V）、侧立面（W），如图 2.10 所示。两投影面之间的交线称为投影轴，H、V 面交线为 X 轴，H、W 面交线为 Y 轴，V、W 面交线为 Z 轴；三投影轴交于一点 O 称为原点。

2.3.2 三面投影图的形成

如图 2.11（a）所示，将物体置于三投影面体系中，作正面投影时，投射线垂直于 V 面，由前向后作投射；作水平投影时，投射线垂直于 H 面，由上向下作投射；作侧面投影时，投射线垂直于 W 面，由左向右作投射。

实际画三面投影图时，需要把三个投影面展开。展开方法约定为：V 面不动，将 H 面和 W 面沿 OY 轴分开，然后 H 面绕 OX 轴向下旋转，W 面绕 OZ 轴向右旋转，直至与 V 面在同一平面为止，如图 2.11（b）所示。这时 OY 轴分别位于 H 和 W 面上，在 H 面上的标记为 OY_H，在 W 面的标记为 OY_W。

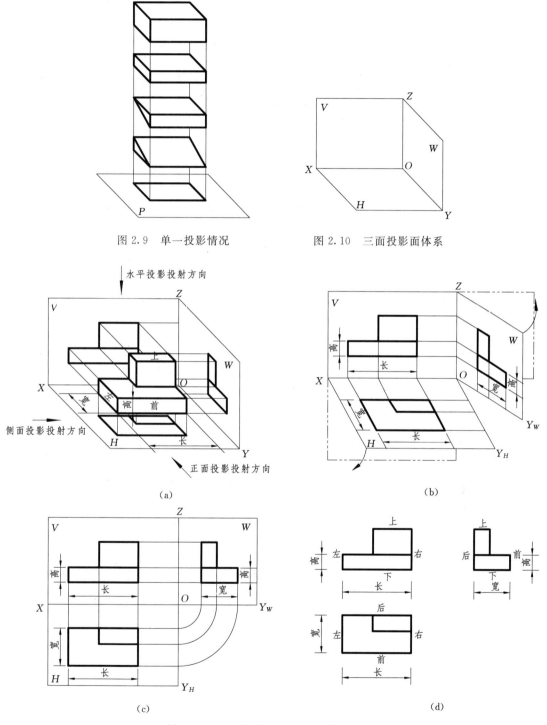

图 2.9　单一投影情况　　　　图 2.10　三面投影面体系

（a）　　　　　　　　　　　　　　　（b）

（c）　　　　　　　　　　　　　　　（d）

图 2.11　三面投影图的形成及其投影规律

投影面展开后，三面投影的布置如图 2.11（c）所示。由于物体投影图的形状、大小与投影面边框、投影轴无关，因此在讨论三投影关系时，当不需要用投影轴表示投影面的

27

分区时，投影面边框和投影轴都不画出，得到的三面投影图如图 2.11（d）所示。

用正投影法所绘制的物体的投影图也称为视图，所以在实际应用中三面投影图又称为三视图，正面投影称为正视图；水平投影称为俯视图；侧面投影称为左视图（或侧视图）。

2.3.3　三面投影规律

如图 2.11 所示物体及其三面投影，并约定 OX 轴向为长，OY 轴向为宽，OZ 轴向为高，则：①正面投影反映形体的左右、上下及长、高；②水平投影反映形体的左右、前后及长、宽；③侧面投影反映形体的上下、前后及高、宽。

因为三个投影表示的是同一物体，而且在作各投影时，物体与各投影面的相对位置保持不变，所以无论是整个物体，还是物体的各个细部，三个投影之间必然保持下列关系：①正面投影与水平投影长度相等且左右对正；②正面投影与侧面投影高度相等且上下平齐；③水平投影与侧面投影宽度相等且前后一致。

三面投影图的这种投影关系简称为"长对正，高平齐，宽相等"。它反映了一个物体在三个互相垂直的投影面上投射得到的各投影之间的度量（线段长度）关系，这种度量关系不仅在画图时要足够重视，在读投影图时也是重要的依据。

画投影图时，"长对正"和"高平齐"关系用尺对齐容易保证，而水平投影与侧面投影之间的宽相等实现起来稍显麻烦。"宽相等"除图 2.11（c）所示圆弧方法外，还可以用分规或借助 45°线作图（图 2.12），但借助 45°线作图时必须保证 45°线画准确，稍有偏差都会使得宽不相等。

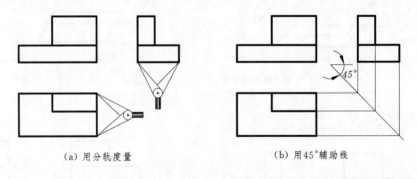

（a）用分轨度量　　　　　　　　（b）用45°辅助线

图 2.12　"宽相等"的作图方法

水平投影与侧面投影之间前后一致的关系是初学者常易搞错的。如图 2.13 所示为前上方有缺口的长方体（侧面投影中缺口不可见，因此轮廓线为虚线），水平投影与侧面投影图中的缺口宽度相等，且所在位置必须前后一致。图 2.13（c）的错误就在于缺口位置前后不一致。

2.3.4　应用三面投影规律画图和读图

1. 画图

画图前确定物体位置时，应尽量使其主要表面平行或垂直于投影面，以便利用平面实形或积聚的投影性质作图；画图时应注意分析物体各表面与投影面的相对位置（平行、垂直或倾斜）及投影性质，所画三面投影须符合投影规律。

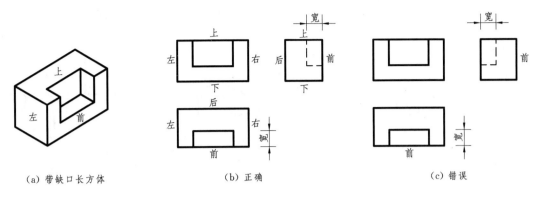

（a）带缺口长方体　　　　　　　（b）正确　　　　　　　　　（c）错误

图 2.13　水平投影与侧面投影的前后关系

【例 2.1】 画出图 2.14（a）所示物体的三面投影。

分析： 这是一个切割形体，可看成由一个大长方体切去两个小长方体形成。

画图步骤如图 2.14（b）～（d）所示。

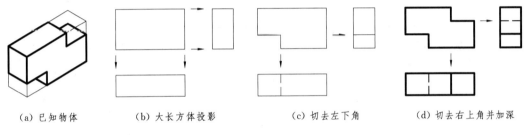

（a）已知物体　　　（b）大长方体投影　　　（c）切去左下角　　　（d）切去右上角并加深

图 2.14　切割形体三面投影图画法

【例 2.2】 画出图 2.15（a）所示物体的三面投影。

分析： 这是一个叠加形体，可看成由一个大长方体底板上面加了两个大小相同的直角梯形柱形成。

画图步骤如图 2.15（b）～（d）所示。

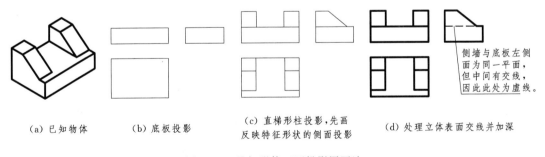

侧墙与底板左侧面为同一平面，但中间有交线，因此此处为虚线。

（a）已知物体　　　（b）底板投影　　　（c）直梯形柱投影，先画反映特征形状的侧面投影　　　（d）处理立体表面交线并加深

图 2.15　叠加形体三面投影图画法

2. 读图

读图是画图的逆过程，是根据已有投影图，想象物体的空间形状。读图的方法是：①弄清各投影图的名称和投射方向；②注意运用三视图的投影规律读图；③将三个投影图配合起来看；④注意实、虚线的变化。通过多看、多想，读图能力就可以逐步提高。

【例 2.3】　如图 2.16 所示，三组投影的正面投影相同，配合水平投影构思三个不同的物体。

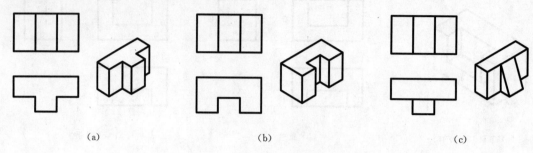

（a）　　　　　　　　　　　（b）　　　　　　　　　　　（c）

图 2.16　已知两面投影读图

【例 2.4】　如图 2.17 所示，三组投影的水平投影和侧面投影相同，因正面投影形状及实、虚线的不同，所表示的三个物体也各不相同。

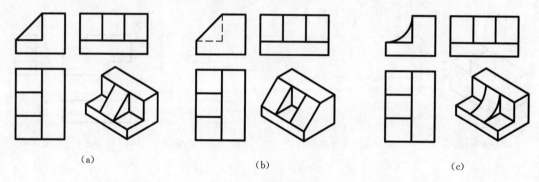

（a）　　　　　　　　　　　（b）　　　　　　　　　　　（c）

图 2.17　已知三面投影读图

第 3 章 点、直线、平面

组成物体的基本几何元素是点、线、面。工程图则是由各种线条、尺寸、文字、图案等图形元素组成的。探讨并掌握点、线、面的表示方法和投影性质，将有助于我们阅读和绘制各种较为复杂的工程图。

3.1 点的投影及其相对位置

3.1.1 点的投影

图 3.1 表示了点在三投影面体系中的投影及其展开后的投影图。我们约定空间点用大写字母表示，各投影用相应的小写字母表示，并区别如下：

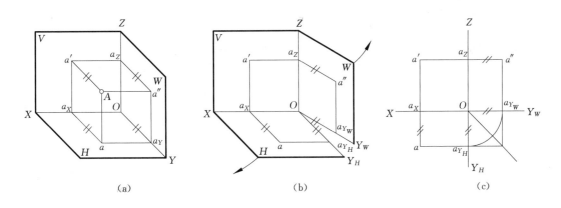

图 3.1 点的三面投影

如空间点 A，则水平投影 a，正面投影 a'，侧面投影 a''。

因三根投影轴可视为坐标轴，点的空间位置可用其三个坐标表示。投射线 Aa''、Aa'、Aa 是点 A 到三个投影面的距离，即分别反映点 A 的三个坐标 x、y、z。其表示形式是 A (x, y, z)。

由图可知，点的每一个投影都反映两个坐标，故每两个投影都有一个坐标相同。因此，在三面投影体系中，点的三面投影有如下规律：

（1）点的正面投影和水平投影的连线垂直于投影轴 OX，即 $a'a \perp OX$，反映 X 坐标（点 A 至 W 面的距离）。

（2）点的正面投影和侧面投影的连线垂直于投影轴 OZ，即 $a'a'' \perp OZ$，反映 Z 坐标（点 A 至 H 面的距离）。

（3）点的水平投影 a 到 OX 轴的距离等于点的侧面投影 a'' 到 OZ 轴的距离。即 $aa_Z =$

$a''a_Z$，反映 Y 坐标（点 A 至 V 面的距离）。

根据点的三面投影规律，即可由点的任何两面投影求第三面投影。作图方法如图 3.2（b）或图 3.2（c）所示。

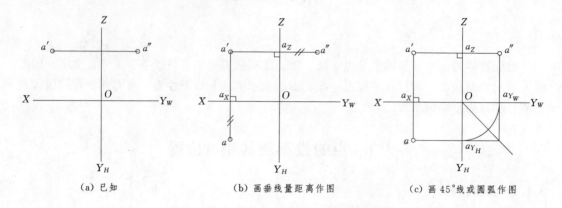

（a）已知　　　　　（b）画垂线量距离作图　　　　（c）画 45°线或圆弧作图

图 3.2　已知点的两面投影求第三面投影

3.1.2　点的相对位置

1. 两点的相对位置

两点的相对位置指的是空间两点的上下、前后、左右位置关系。由于点 x、y、z 坐标分别反映该点至 W、V、H 面的距离，故比较两个点坐标大小，就能确定两点间的相对位置。x 大者在左，y 大者在前，z 大者在上。

如果已知点 A 的三面投影，并知点 B 与点 A 的相对坐标 ΔX、ΔY、ΔZ，即可画出点 B 的三面投影，如图 3.3 所示。

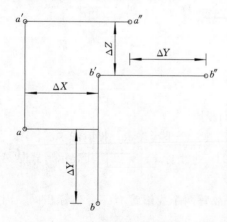

图 3.3　点的无轴投影图

对于物体而言，改变物体与投影面的距离，并不影响物体形状及大小。所以，画物体的投影图时一般不画投影轴。同时，物体的三面投影图应该符合点的三面投影规律及两点的相互位置关系，这就是"长对正、高平齐、宽相等"规律的依据。

2. 重影点及其可见性

当两点处于同一投射线上时，它们在该投射线所垂直的投影面上的投影必然重合，这两点称为对该投影面的重影点。

图 3.4（a）中，点 A、B 是对 H 面的重影点，它们的 H 面投影 a、b 重合成一点，为重合投影；点 B、C 是对 W 面的重影点，b''、c'' 重合成一点，为重合投影。

为区分重影点的可见性，将点的不可见投影加括号表示。如图 3.4 中点 A、B 的水平投影重合，从正面投影可以看出点 A 比点 B 高，所以 a 可见，b 不可见，用 "(b)" 表示；点 B、C 的侧面投影重合，从水平投影可知，点 B 在点 C 的左侧，所以 c'' 不可见，用

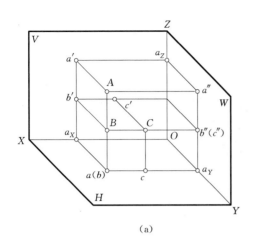

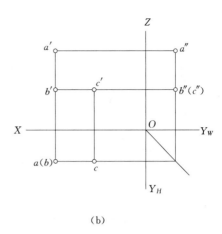

(a)　　　　　　　　　　　　　　　　(b)

图 3.4　重影点及其可见性

"(c'')" 表示。

区分重影点重合投影的可见性，就是根据另外两个投影比较两点的高低、前后、左右关系，距离投影面远的点可见，距离投影面近的点不可见，不可见的投影加括号以示区别。

3.2　直线的投影及直线上的点

3.2.1　直线的投影

直线的投影一般仍是直线。作出直线上两点的投影，并将同一投影面上的投影（称同面投影）用线段相连，便得到直线的投影。

在三投影面体系中，直线的位置分为三种：投影面垂直线、投影面平行线和一般位置线，其中投影面垂直线与投影面平行线统称为特殊位置直线。

1. 投影面垂直线

垂直于一个投影面（必平行于另两个投影面）的直线称为投影面垂直线。根据所垂直的投影面的不同分为以下三种（图 3.5）。

正垂线——⊥V 面的直线（AB）。

铅垂线——⊥H 面的直线（AC）。

侧垂线——⊥W 面的直线（AD）。

三种投影面垂直线具有共同的投影特性（表 3.1）。

（1）在所垂直的投影面上的投影积聚成一点。

（2）另两面投影平行于同一根投影轴，并反映线段实长。

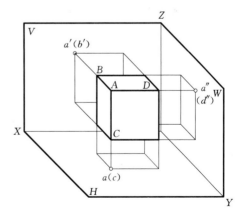

图 3.5　投影面垂直线实例

33

表 3.1 投影面垂直线的投影特性

	正垂线	铅垂线	侧垂线
空间情况	$\perp V$，$/\!/ H$，$/\!/ W$，$/\!/ OY$	$\perp H$，$/\!/ V$，$/\!/ W$，$/\!/ OZ$	$\perp W$，$/\!/ V$，$/\!/ H$，$/\!/ OX$
三面投影	正面投影积聚成一点；另两个投影反映实长，$/\!/ OY$	水平投影积聚成一点；另两个投影反映实长，$/\!/ OZ$	侧面投影积聚成一点；另两个投影反映实长，$/\!/ OX$

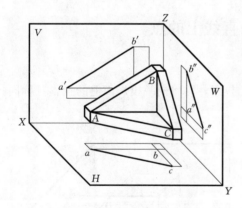

图 3.6 投影面平行线实例

2. 投影面平行线

平行于一个投影面，同时倾斜于其他两个投影面的直线称为投影面平行线。根据所平行的投影面的不同分为以下三种（图 3.6）。

正平线——$/\!/ V$ 面、$\perp H$ 面、$\perp W$ 面的直线（AB）。

水平线——$/\!/ H$ 面、$\perp V$ 面、$\perp W$ 面的直线（AC）。

侧平线——$/\!/ W$ 面、$\perp V$ 面、$\perp H$ 面的直线（BC）。

三种投影面平行线具有共同的投影特性（表 3.2）。

表 3.2 投影面平行线的投影特性

	正平线	水平线	侧平线
空间情况	$/\!/ V$，$\perp H$，$\perp W$	$/\!/ H$，$\perp V$，$\perp W$	$/\!/ W$，$\perp V$，$\perp H$

续表

正平线	水平线	侧平线
三面投影 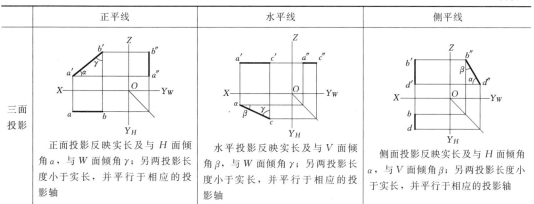		
正面投影反映实长及与 H 面倾角 α，与 W 面倾角 γ；另两投影长度小于实长，并平行于相应的投影轴	水平投影反映实长及与 V 面倾角 β，与 W 面倾角 γ；另两投影长度小于实长，并平行于相应的投影轴	侧面投影反映实长及与 H 面倾角 α，与 V 面倾角 β；另两投影长度小于实长，并平行于相应的投影轴

（1）在所平行的投影面上的投影反映线段实长，同时反映直线与其他两投影面的倾角。

（2）线段的其他两面投影分别平行于相应的投影轴，且其投影长度都小于实长。

3．一般位置直线

与三个投影面都倾斜的直线称为一般位置直线。如图 3.7（a）中四棱台的棱线 AB，不平行于任一投影面，图 3.7（b）、（c）是其直观图和投影图。

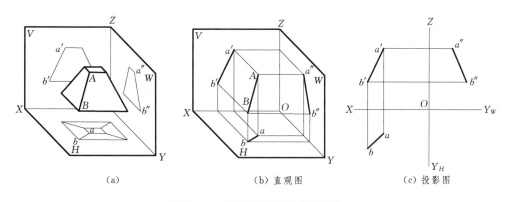

(a)　　　　　　　（b）直观图　　　　　　　（c）投影图

图 3.7　一般位置直线实例及投影

一般位置直线的投影特性是三个投影都倾斜于投影轴，都不反映实长及其对投影面的倾角。

一般位置直线段的实长及其对投影面的倾角，可用直角三角形法或变换投影面法求出。本书仅简述直角三角形法，作图步骤如图 3.8 所示。

如图 3.8（a）所示，一般位置线段的实长及其对三投影面的倾角 α、β、γ 分别处在直角三角形 ABA_1、ABB_1、ABB_2 中，三角形斜边即线段 AB 实长；两条直角边中，一条为 AB 在某一投影面的投影长，另一条为线段两端点 A、B 至该面的距离差（坐标差）。因此只要作出这些直角三角形，便可得到线段实长及倾角，作图步骤如图 3.8（c）所示。

3.2.2　直线上的点

如图 3.9 所示，点 K 在直线 AB 上，则 k 在 ab 上，k' 在 $a'b'$ 上，k'' 在 $a''b''$ 上，而且 AK

：$KB=ak$：$kb=a'k'$：$k'b'=a''k''$：$k''b''$。由此可得出以下结论。

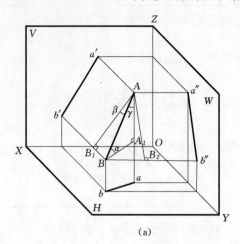

(a)

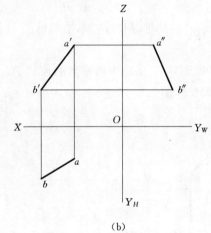

(b)

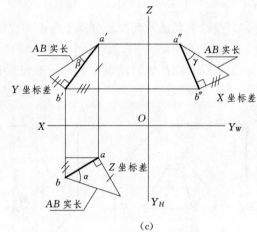

(c)

图 3.8　直角三角形法

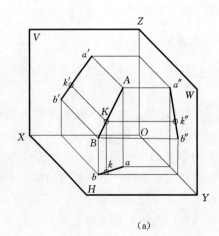

(a)

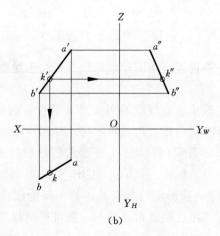

(b)

图 3.9　直线上的点

（1）点在直线上，点的投影必在直线的同面投影上，且一对投影的连线必垂直于相应的投影轴。

（2）一点若把线段分成两段，则两段长度之比等于其投影长度之比。

【例 3.1】 如图 3.10（a）所示，已知直线 AB 及点 K 的一对投影，判断点 K 是否在 AB 上。

分析：根据点在直线上的投影性质，若点 K 在 AB 上，则 $a'k' : k'b' = ak : kb$，所以可以采用定比法来判断；另 k'' 应在 $a''b''$ 上，所以还可求出第三投影来进行判断。作图过程如图 3.10（b）或图 3.10（c）所示。

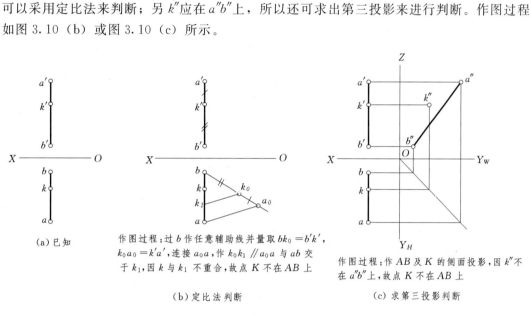

(a) 已知

作图过程：过 b 作任意辅助线并量取 $bk_0 = b'k'$，$k_0 a_0 = k'a'$，连接 $a_0 a$，作 $k_0 k_1 \parallel a_0 a$ 与 ab 交于 k_1，因 k 与 k_1 不重合，故点 K 不在 AB 上

(b) 定比法判断

作图过程：作 AB 及 K 的侧面投影，因 k'' 不在 $a''b''$ 上，故点 K 不在 AB 上

(c) 求第三投影判断

图 3.10 直线上点的判别

3.3 平面的投影及平面上取点、直线

3.3.1 平面的投影

不在同一直线上的三点确定一个平面，将这三点或由其转换的其他形式的投影画出（图 3.11）即可表示该平面。

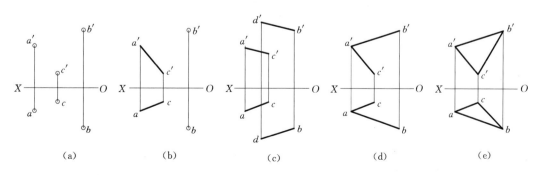

(a)　　　　(b)　　　　(c)　　　　(d)　　　　(e)

图 3.11 平面的几何元素表示法

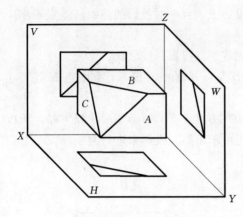

图 3.12　投影面平行面实例

平面按其在三投影面体系中位置的不同，可分为三种：投影面平行面、投影面垂直面和一般位置平面，其中投影面平行面和投影面垂直面统称为特殊位置平面。

1. 投影面平行面

平行于一个投影面（必垂直于另两个投影面）的平面称为投影面平行面。如图 3.12 所示，其又分为正平面（A）、水平面（B）、侧平面（C）三种，分别平行于 V、H、W 面，它们的空间情况及投影特性见表 3.3。

三种投影面平行面具有共同的投影特性。

（1）在所平行的投影面上的投影反映实形。

（2）其他两面投影都积聚成平行于相应投影轴的直线段。

表 3.3　　　　　　　　　　　　　投影面平行面的投影特性

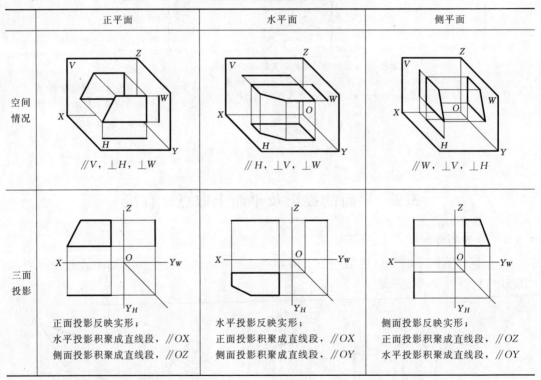

	正平面	水平面	侧平面
空间情况	//V, ⊥H, ⊥W	//H, ⊥V, ⊥W	//W, ⊥V, ⊥H
三面投影	正面投影反映实形； 水平投影积聚成直线段，//OX 侧面投影积聚成直线段，//OZ	水平投影反映实形； 正面投影积聚成直线段，//OX 侧面投影积聚成直线段，//OY	侧面投影反映实形； 正面投影积聚成直线段，//OZ 水平投影积聚成直线段，//OY

2. 投影面垂直面

垂直于一个投影面并倾斜于其他两个投影面的平面称为投影面垂直面，如图 3.13 所示。其又分为正垂面（D）、铅垂面（E）、侧垂面（F）三种，分别垂直于 V、H、W 面，它们的空间情况及投影特性见表 3.4。

三种投影面垂直面具有共同的投影特性。

（1）在所垂直的投影面上的投影积聚成斜线。

（2）其他两面投影是类似图形。

投影面平行面和投影面垂直面统称为特殊位置平面，可以仅用它的积聚性投影表示，并标记为 P_V、Q_H，如图 3.14 所示，也称为平面的迹线表示法。

3. 一般位置平面

同时倾斜于三个投影面的平面称为一般位置平面，如图 3.13 中平面 G 所示。一般位置平面的投影特性是三个投影都是类似图形。

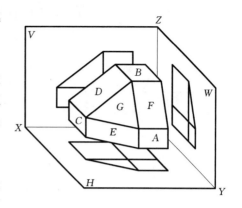

图 3.13　投影面垂直面实例

表 3.4 投影面垂直面的投影特性

	正垂面	铅垂面	侧垂面
空间情况	 $\perp V$，$\perp H$，$\perp W$	 $\perp H$，$\perp V$，$\perp W$	 $\perp W$，$\perp V$，$\perp H$
三面投影	 正面投影积聚成斜线； 其他两投影是类似图形	 水平投影积聚成斜线； 其他两投影是类似图形	 侧面投影积聚成斜线； 其他两投影是类似图形

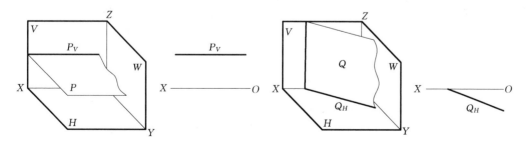

图 3.14　特殊位置平面的迹线表示法

按照以上三类平面的投影特点，即可根据平面的投影判断其空间位置。

【例 3.2】 判断图 3.15 中 P、Q 两个平面的空间位置，分析图 3.15（c）所示形体表面的位置，并补出 P 面、Q 面及形体的左视图。

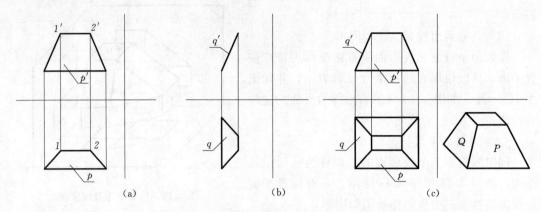

图 3.15　平面位置分析

分析：图 3.15（a）的 V、H 面投影都是四边形，可知 P 面倾斜于这两个投影面，因其含有垂直 W 面的直线（Ⅲ的 V、H 面投影都 $//OX$ 轴，所以它是侧垂线）。故 P 面$\perp$ W 面是侧垂面。

其侧面投影应积聚成斜线，请读者自行完成。

图 3.15（b）所示的 V 面投影积聚成一条斜线，H 面投影是四边形，可知 Q 面是正垂面（如果 V 面投影的积聚性线段 $//OX$ 轴，则 Q 面是什么位置？请分析），其侧面投影应为类似图形四边形，请读者自行补出。

图 3.15（c）表示的形体中有上述 P、Q 两个平面，对照立体图分析看懂其他未注表面的位置（顶面与底面为水平面，后侧面与前侧 P 面都是侧垂面，右侧面与左侧 Q 面都是正垂面）；画出形体各表面即完成作图，请自行补出。

【例 3.3】　画出图 3.16（a）所示形体的视图。

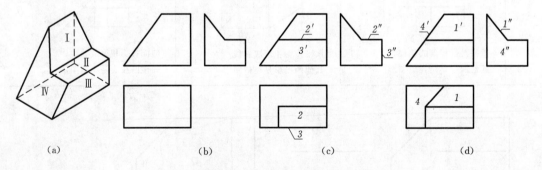

图 3.16　形体上的平面位置分析与作图

分析：该形体可看成横放的五棱柱被斜切一块而成。画图时使其底面、背面、右侧面分别平行于 H、V、W 面，此时Ⅱ面及底面为水平面，水平投影反映实形（矩形）；Ⅲ面及背面为正平面，正面投影反映实形（直角梯形）；右侧面为侧平面，侧面投影反映实形。Ⅰ面为侧垂面、Ⅳ面为正垂面，Ⅰ面的侧面投影和Ⅳ面的正面投影积聚成斜线段，另两个投影为类似图形。

作图: 如图 3.16 所示。先画底面、背面、右侧面,接着画投影面平行面 Ⅱ 和 Ⅲ,再画投影面垂直面 Ⅰ 和 Ⅳ,最后检查加深。其中须特别注意投影面垂直面 Ⅰ 和 Ⅳ 的两个类似图形。如果画成图 3.17 (a) 或图 3.17 (b) 就错了。

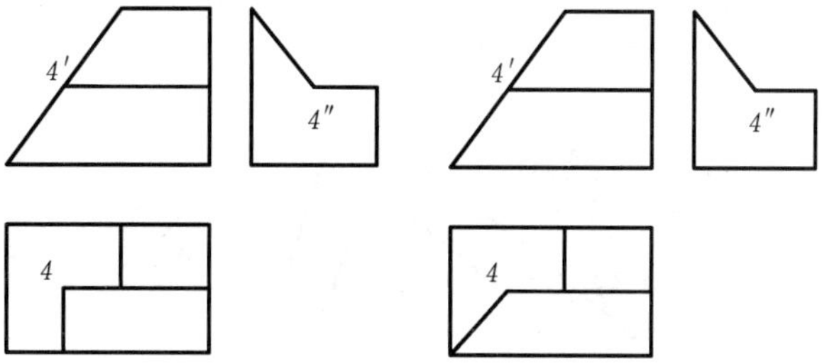

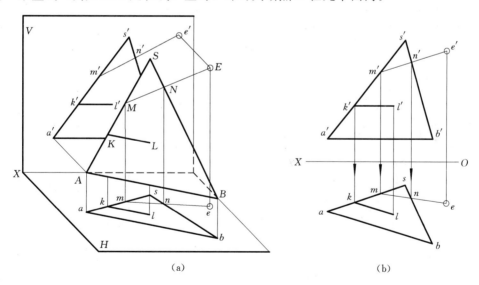

(a) 边数不同,非类似图形   (b) 边数虽相同,但位置不对应

图 3.17 错误画法

3.3.2 平面上的点和直线

1. 在平面内取点和直线

点和直线在平面内的条件如下。

(1) 点在平面内的一条线上,则此点在该平面内。

(2) 直线通过平面内两已知点或通过平面内一已知点,并平行于平面内另一直线,则此直线在该平面内。

根据上述性质,即可判断点或直线是否在一个平面内;也可当已知点或直线在平面内,并知其一个投影而求出另一投影。这种分析与作图的方法常称为平面内取点线。

如图 3.18 (a) 所示,当已知线段 MN 和 KL 在△SAB 平面内,且 $KL /\!/ AB$ 并知它们的正面投影时,则其水平投影即可如图 3.18 (b) 作图确定($kl /\!/ ab$);当点 E 位于平面内一条直线(例如 MN 延长线)上时,即可判断点 E 在此平面内。

图 3.18 平面内的点和直线

2. 平面内的投影面平行线

平面上平行于 H、V、W 面的直线分别称为平面上的水平线、平面上的正平线和平面上的侧平线,如图 3.19 所示。

平面上的投影面平行线同时具有投影面平行线及平面上直线的投影性质。例如图 3.20 中的水平线 AD、EF 的投影。

41

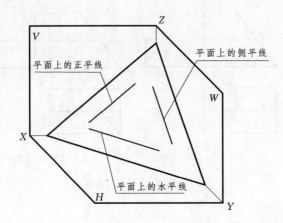

图 3.19　平面上的投影面平行线

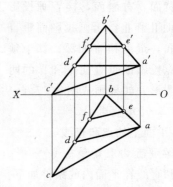

图 3.20　平面上的水平线

（1）因平行于 H 面，故正面投影平行于 X 轴。

（2）因直线在平面上，故与同一平面上的水平线平行，与同一平面上的其他直线相交。AD 平行于 EF 而与 BC 相交。

平面上的投影面平行线常用作辅助线。

【例 3.4】　如图 3.21（a）所示，挡土墙的梯形平面 $ABCD$ 内有一折线 $KLMN$，已知正面投影，求水平投影。

解：$k'n'$ 在 $d'c'$ 上，kn 必在 dc 上。$l'm' // d'c'$，lm 必 $// dc$。延长 $l'm'$ 与 $b'c'$ 交于 e'，在 bc 上求出其对应投影 e。过 e 作直线 $// dc$，在此线上找出 $l'm'$ 的对应投影 lm。再连接 kl、mn 即得折线 $KLMN$ 的水平投影 $klmn$，如图 3.21（b）、（c）所示。

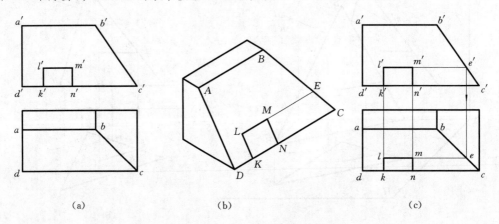

(a)　　　　　　　　　　(b)　　　　　　　　　　(c)

图 3.21　平面上取点线的实例

3.4　直线、平面的相对位置

3.4.1　两直线的相对位置

　　两直线的相对位置有三种：平行、相交、交叉（又称异面）。前两者为同面直线，后者为异面直线。如图 3.22 所示，AB 与 EF 平行、AB 与 AE 相交、AB 与 CD 交叉。下面分别介绍这几种情况的投影特性。

1. 两直线平行

如图 3.23 所示，$AB//CD$，投射线形成的平面 $ABba//$ $CDdc$，它们与 H 面的交线互相平行，即 $ab//cd$。同理可证明 $a'b'//c'd'$，$a''b''//c''d''$。由此可得出以下结论：

两直线平行，其同面投影必互相平行；反之，若两直线的所有同面投影都互相平行，则此两直线必互相平行。

当两直线是一般位置时，只要有两对投影互相平行就可以判定两直线平行。但若两直线同时平行于某个投影面，则一般还要看它们在所平行的那个投影面上的投影是否平行才能判断，如图 3.24 所示。

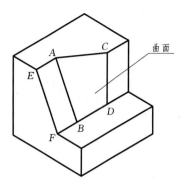

图 3.22 两直线相对位置实例

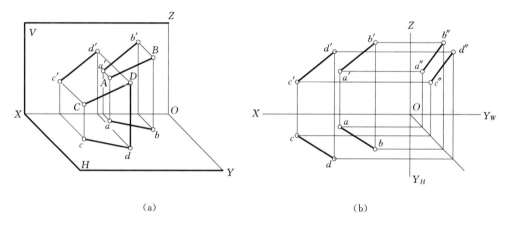

(a) (b)

图 3.23 两一般位置线平行的投影

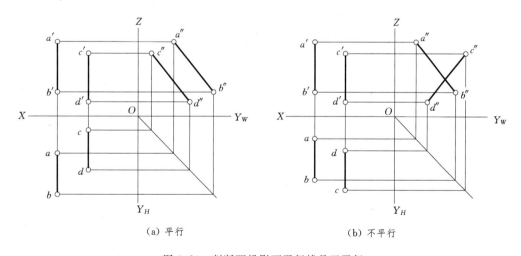

(a) 平行 (b) 不平行

图 3.24 判断两投影面平行线是否平行

2. 两直线相交

两直线相交，交点为两直线的共有点。如图 3.25 所示，点 K 为 AB 与 CD 的共有点，

43

其投影必定在 AB 与 CD 同面投影的交点上，且符合点的投影规律，即：$kk' \perp OX$、$k'k'' \perp OZ$、$kk_x = k''k_z$。

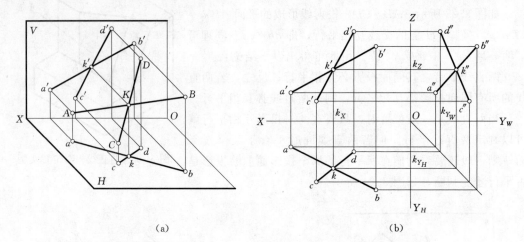

(a)　　　　　　　　　　　　(b)

图 3.25　两一般位置线相交的投影

由此可知：两直线相交，其所有的同面投影必定相交，且同面投影交点的连线垂直于相应的投影轴。

当两直线都是一般位置时，只要它们有两对同面投影相交，且交点连线垂直于投影轴，就可确定两条直线相交。但若其中一条直线平行于某个投影面，一般还需要根据它们在直线所平行的那个投影面上的投影去判断，如图 3.26（a）所示。当然也可以仅根据正面投影和水平投影，用属于线段的点分线段成定比判断，如图 3.26（b）所示。

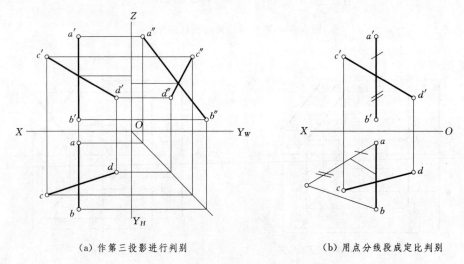

（a）作第三投影进行判别　　　　　　　　（b）用点分线段成定比判别

图 3.26　一般位置线与侧平线相交的判别

3. 两直线交叉

既不平行又不相交的两直线称为交叉直线。它们的投影既不符合平行两直线的投影特点，又不符合相交两直线的投影特点。交叉两直线的同面投影可能表现为互相平行，但是不可能所有同面投影都平行，如图 3.24（b）所示；它们的同面投影也可能表现为相交，但投影交点的连线不垂直于投影轴，如图 3.26 和图 3.27 所示。

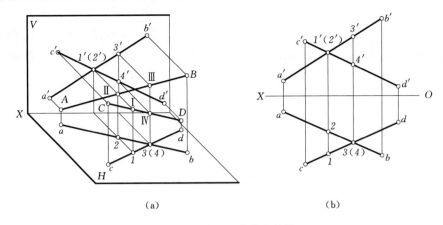

|（a）| |（b）|

图 3.27 交叉两直线的投影

交叉两直线同面投影的交点是重影点。

图 3.27 中，AB 线上的点Ⅲ与 CD 线上的点Ⅳ是对 H 面的重影点，它们的 H 面投影重合，因点Ⅲ比点Ⅳ高，故点 3 可见，点 4 不可见。点Ⅰ与点Ⅱ是对 V 面的重影点，因点Ⅰ在Ⅱ的前面，故点 $1'$ 可见，点 $2'$ 不可见。

4. 两直线垂直

垂直两直线的投影不一定垂直，当垂直两直线都平行于某个投影面时，则在该投影面上的投影必互相垂直。当垂直两直线之一平行于某投影面时，两直线在该投影面上的投影也必互相垂直；反之，若两直线的一个投影互相垂直，且其中有一条直线平行于该投影面时，此两直线在空间必互相垂直（证明略），这个投影特性称为直角投影定理。如图 3.28 中 AB // H 面，AB 与 AC 垂直相交，与 DE 垂直交叉，其 H 面投影互相垂直。

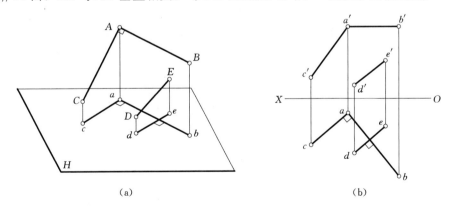

|（a）| |（b）|

图 3.28 垂直两直线的投影特点

两直线垂直是相交或交叉的特例，且具有以下特点。

（1）当垂直两直线都平行于某个投影面时，该面投影反映直角。

（2）当垂直两直线都倾斜于某个投影面时，该面投影不反映直角。

（3）当垂直两直线中有一条平行于某投影面时，该面投影反映直角。

根据两直线相对位置的上述各特性，便可由两直线的投影判断其空间情况。

【例 3.5】 判别图 3.29 两直线的相对位置。

解： 图 3.29（a）中 AB、CD 线都是正平线，且 V 面投影反映直角，说明相互垂直，从水平投影可知无交点故两直线交叉垂直。图 3.29（b）中 EF、FG 都是一般位置直线，倾斜于各投影面，从投影为直角说明相互不垂直，因有交点 F 故两直线相交。图 3.29（c）两直线有交点 I，同时 IJ 为正平线，且 V 面投影反映直角，说明相互垂直，故两直线相交垂直。

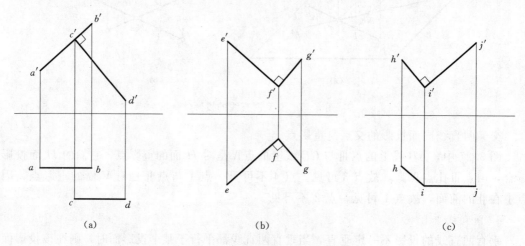

(a) (b) (c)

图 3.29 判别两直线的相对位置

3.4.2 直线与平面的相对位置

1. 直线与平面平行

直线与平面平行的条件是若一直线与某平面上任一直线平行，则此直线与该平面平行。反之，若直线平行于一个平面，则在此平面上必能作出与该直线平行的直线。

在图 3.30 中，直线 AB 平行于△CDE 平面上一直线 CF（$ab \parallel cf$，$a'b' \parallel c'f'$），故直

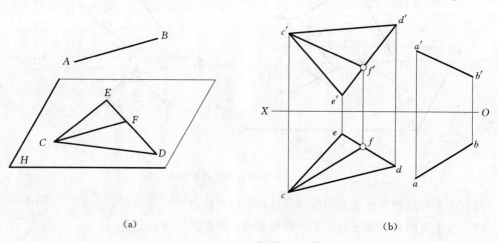

(a) (b)

图 3.30 直线与平面平行

线 AB 与平面 CDE 平行。在图 3.31 中，mn 平行 ab，而 $m'n'$ 不平行 $a'b'$，故 MN 不平行 AB，这说明平面（$AB \times CD$）上不可能有与直线 MN 平行的直线，因此直线 MN 与此平面不平行。

当直线平行特殊位置平面时，由于特殊位置平面的一个投影有积聚性，故直线的一个投影必与平面的积聚性投影平行，如图 3.32 中 $\triangle ABC$ 为铅垂面。MN 为无数条平行此面的直线中的一条，H 面投影 $mn /\!/ abc$ 积聚性线段。

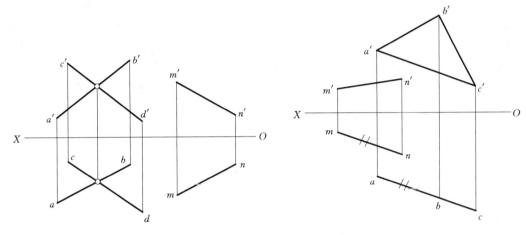

图 3.31　直线与平面不平行　　　　图 3.32　直线平行于铅垂面

2. 直线与平面相交

直线与平面相交，交点是直线与平面的共有点，也是可见性的分界点。

由图 3.33 可看出，当相交的直线或平面的投影有积聚性时，线、面交点的一个投影，可从积聚性投影获得，交点的另一投影可用直线上取点 [图 3.33（a）和（b）] 或平面内取点 [图 3.33（c）] 求出，再判别可见性完成作图。

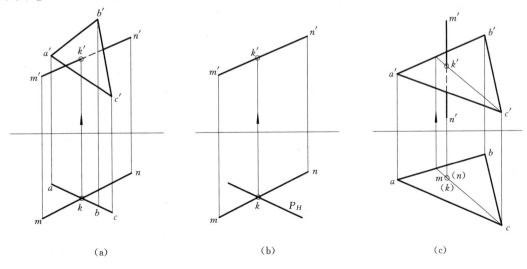

（a）　　　　　　　　（b）　　　　　　　　（c）

图 3.33　直线与平面的交点

若参加相交的平面为迹线表示的平面［图 3.33（b）］，一般不用判别可见性，否则应判别可见性，用虚线表示不可见线段。交点投影是虚实线的分界点，线段的可见性判别可根据空间位置分析，也可利用重影点的投影位置来确定。请读者运用已学知识思考图 3.33（a）和（c）中的虚线段。

一般位置直线与一般位置平面相交问题见 3.4.3 小节。

3. 直线与平面垂直

（1）直线与特殊位置平面垂直。与特殊位置平面垂直的直线必为特殊位置直线，其投影特性为直线的一个投影垂直于平面的积聚性投影，另一投影平行于相应的投影轴。

如图 3.34（a）所示，平面 P 垂直于 H 面，则其垂线 LK 平行于 H 面，则在图 3.34（b）中可见 $l'k'/\!/OX$，$lk\perp p$，点 k 为垂足，lk 反映点 L 至平面 P 的距离。图 3.34（c）为平面 Q 垂直于 V 面，则其垂线 MN 必平行于 V 面，其水平投影 $mn/\!/OX$，正面投影 $m'n'\perp q'$，点 n' 为垂足，$m'n'$ 反映点 M 至平面 Q 的距离。

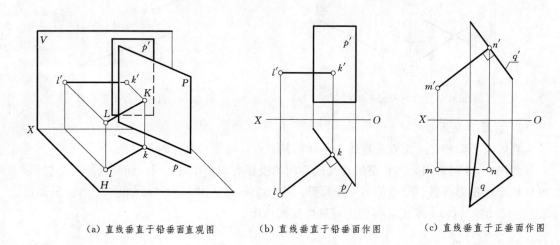

（a）直线垂直于铅垂面直观图　　（b）直线垂直于铅垂面作图　　（c）直线垂直于正垂面作图

图 3.34　直线与特殊位置平面垂直

垂直于铅垂面的直线一定是水平线，垂直于正垂面的直线一定是正平线，垂直于侧垂面的直线一定是侧平线。如图 3.35 所示。

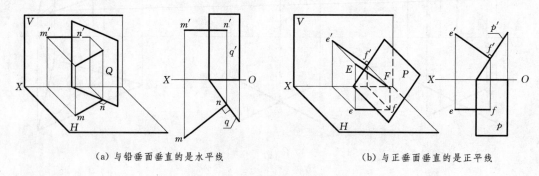

（a）与铅垂面垂直的是水平线　　　　　　（b）与正垂面垂直的是正平线

图 3.35　直线垂直于投影面垂直面

（2）直线与一般位置面垂直。如图 3.36 所示，由初等
几何可知：若一直线垂直于某平面，则此直线必垂直于该
平面上的一切直线。实际应用中，若一直线垂直于某平面
上两相交直线，则此直线必垂直于该平面。

图 3.37（a）中，直线 KL 垂直于平面 P，必垂直于平
面 P 上的一切直线，其中包括过垂足的水平线Ⅰ Ⅱ和正平
线Ⅲ Ⅳ，以及不通过垂足的水平线 AB 和正平线 AC。根据
直角投影定理（图 3.28）可知，KL 的水平投影 kl 垂直于
12 及 ab，正面投影 $k'l'$ 垂直于 $3'4'$ 及 $a'c'$。

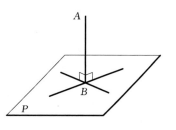

图 3.36　直线与平面垂直

由此可得，直线与一般位置平面垂直的投影特点为：若一直线与某平面垂直，则该直
线的水平投影垂直于平面上水平线的水平投影，同时，其正面投影垂直于平面上正平线的
正面投影。

反过来说，若一直线的水平投影垂直于平面上水平线的水平投影，同时，其正面投影
垂直于平面上正平线的正面投影，则此直线与平面互相垂直。

图 3.37（b）中，$lk \perp ab$，AB 为水平线，$l'k' \perp a'c'$，AC 为正平线，故直线 LK 与平
面 ABC 互相垂直。需要注意的是，LK 与 AB、AC 为交叉垂直，它们同面投影的交点并
不是垂足的投影。

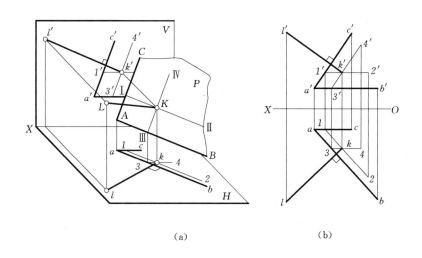

（a）　　　　　　　　　　　　　　（b）

图 3.37　直线与一般位置平面垂直

3.4.3　平面与平面的相对位置

平面与平面的相对位置有：平行、相交、垂直。

1. 平面与平面平行

平面与平面平行的条件是两平面内各有一对相交直线相互平行。如图 3.38（a）中
$AB /\!/ A_1B_1$、$AC /\!/ A_1C_1$，故平面（$AB \times AC$）与平面（$A_1B_1 \times A_1C_1$）平行。

若两投影面垂直面互相平行，则其积聚性投影互相平行。如图 3.38（b）和图 3.39
所示，两积聚性投影平行，故两平面平行。

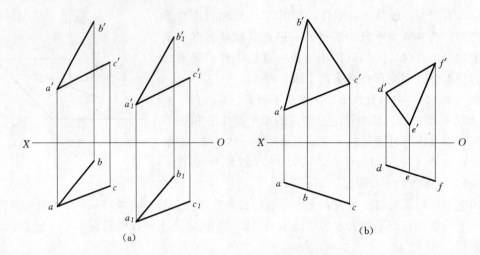

图 3.38 两平面平行

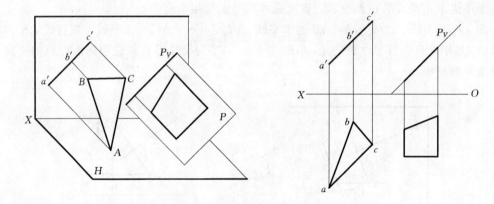

图 3.39 两投影面垂直面平行

2. 两平面相交

两平面的交线是直线，该交线是两平面的共有线及可见性的分界线。这里仅讨论相交的两个平面至少有一个是特殊位置平面的情况。

两平面交线的基本作图方法是求出交线上的两个共有点或求出一个共有点和交线的方向，如图 3.40 所示。

当两平面之一为特殊位置平面或两者均为特殊位置平面时，其交线的一个投影可以从积聚性投影获得，另一投影可由平面内取点线确定，再判断可见性完成作图。若一个为迹线面表示时，如图 3.40（b）可不必判别可见性。

根据图 3.40（a）中四边形的积聚性投影平行于 bc 这一特点，交线 $m'n'$ 除了图中的作图方法外，还可以利用这一平行特点作出。图 3.40（c）是两个正垂面相交的情况，其交线 mn 为正垂线。

利用两平面交线的求解方法，可以求作一般位置直线与一般位置平面的交点问题。

当直线和平面都是一般位置时，其投影都没有积聚性，交点无法直接得到。此时可利用有积聚性的辅助平面求解，作图原理与过程如图 3.41 所示。

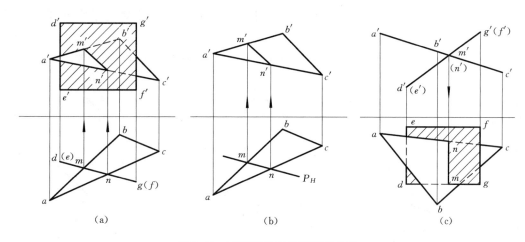

图 3.40　有特殊位置的两平面相交

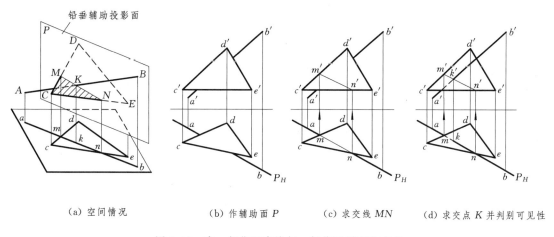

（a）空间情况　　　（b）作辅助面 P　　　（c）求交线 MN　　（d）求交点 K 并判别可见性

图 3.41　求一般位置直线与一般位置平面的交点

作图步骤：首先通过已知直线 AB 作一辅助投影面 P，如图 3.41（b）（注意：此辅助面必须为投影面垂直面，以便于求解该面与已知面的交线，本例为铅垂面，也可作正垂面）；再作出平面 P 与平面 CDE 的交线 MN 的两面投影，如图 3.41（c）所示；再求出交线 MN 与已知直线 AB 的交点 K，即为一般位置线 AB 与一般位置平面 CDE 的交点，并判断可见性，如图 3.41（d）所示。

当相交两平面均为一般位置时，则可转化为求两次一般位置线、面的交点，再连线即为两平面交线，这里不再举例详述。

3. 两平面垂直

两平面垂直的条件是如一直线垂直于某平面，则包含此直线的一切平面都与该平面垂直。反之，如两平面互相垂直，则由一平面上任一点向另一平面所作的垂线，必在前一平面上。

如图 3.35 中因 EF⊥P 面、MN⊥Q 面，故包含 EF 作任何平面都将垂直于 P 面，包含 MN 作任何平面都将垂直于 Q 面。

如图 3.42 中，直线 AB 垂直于平面 P，则过 AB 的平面 R、S 都与平面 P 垂直。图 3.43 中，点 C 在平面 P 上，CD 是平面 Q 的垂线；图 3.43（a）中 CD 在平面 P 上，P、Q 两平面互相垂直；图 3.43（b）中 CD 不在平面 P 上，则 P、Q 两平面不垂直。

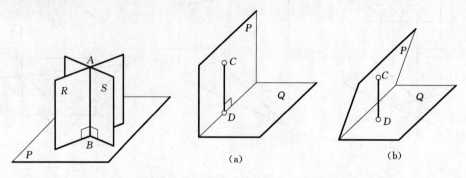

图 3.42　两平面垂直原理　　　　　图 3.43　两平面垂直的判别

第4章 组 合 体

水工建筑物的形状虽然复杂多样,但总可以看作是由一些简单几何体组合而成。这些简单而规则的形体称之为基本体,由两个或两个以上基本体所组成的形体称为组合体。

4.1 基本体及其表面取点线

基本体可分为平面立体和曲面立体两大类。

4.1.1 平面立体

各表面由平面(多边形)围成的形体称为平面立体。最常见的平面立体有棱柱、棱锥、棱台等。

1. 棱柱

棱柱的棱线互相平行,底面为多边形,按棱线与底面是否垂直可分为直棱柱和斜棱柱。若直棱柱底面是正多边形,称为正棱柱。本章主要讨论棱线垂直于底面的直棱柱,如图 4.1 所示。

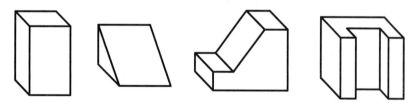

图 4.1 直棱柱

直棱柱空间具有的共同特征:对应的底面为多边形,反映形体的形状特征,是特征面,其余棱面为矩形,棱线互相平行直棱柱的具体名称由其特征面而定,如图 4.1 所示直棱柱依次为四棱柱、三棱柱、六棱柱和八棱柱。

绘制棱柱的投影时,首先将棱柱放置投影面体系,摆放时应尽量使特征面平行于投影面,棱面平行或垂直于投影面。如图 4.2(a)所示正六棱柱,上下底面平行于 H 面,前后两个棱面平行于 V 面,其余四个棱面垂直于 H 面。其上下底面的 H 面投影反映实形,另两面投影有积聚性,分别平行于相应的投影轴;六个棱面的投影积聚成六边形,另两面投影中,仅前后两个棱面的 V 面投影反映实形、W 面投影积聚成平行于 Z 轴的直线,其余均为类似形状,如图 4.2(b)所示。

正棱柱投影规律:在垂直于棱线的投影面上的投影为多边形,反映形体特征;其余两个投影外轮廓都呈矩形,为棱面的实形或类似图形。掌握此投影特点,对读图很有益处。

棱柱体表面具有积聚性,在其上取点线时,可以利用积聚性投影作图。

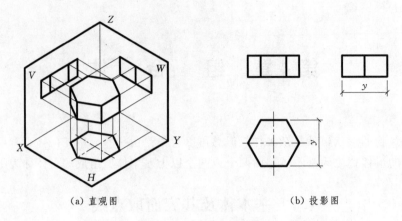

（a）直观图　　　　　　　　　　（b）投影图

图 4.2　正六棱柱的投影

【例 4.1】　如图 4.3（a）所示，已知棱柱体表面上线 AB 的正面投影，求作线 AB 的其他投影。

分析： 线 AB 在棱柱的两个棱面上，是一条折线，由直线段 AC 与 CB 组成，可见性与直线所在平面相同。A 点在底边线上，C 点在棱线上，可以直接投影到棱（底边）线的同面投影上；B 点在棱面上，先完成其积聚性投影——水平投影，再按投影规律补侧面投影，如图 4.3（b）所示；分别连线，并判断可见性，如图 4.3（c）所示。

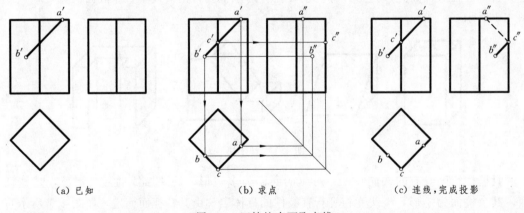

（a）已知　　　　　　　　　　（b）求点　　　　　　　　　　（c）连线，完成投影

图 4.3　四棱柱表面取点线

2. 棱锥

棱锥如图 4.4（a）所示，其特征为：所有棱线交于一点，棱面为三角形，底面为多边形。

画棱锥的投影时，一般先画出底面及锥顶的投影，再画棱线的投影。绘制图 4.4（a）中三棱锥的投影时，将三棱锥放置于三投影面体系中［图 4.4（b）］，使其底面 ABC 平行于 H 面，则 H 面投影反映底面实形；使其后面的棱面 SAC 垂直于 W 面，则此棱面的 W 面投影积聚为一条直线；其他两棱面投影均为类似形状，如图 4.4（c）所示。

棱锥投影规律：底面所平行的投影面上有多边形，且多边形内有一到多个三角形，其余两面投影均是三角形。

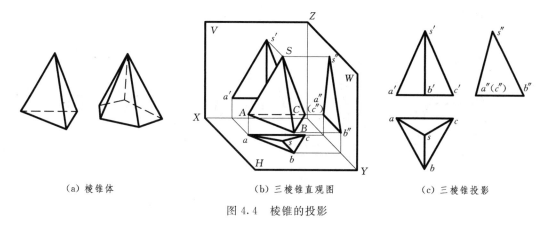

(a) 棱锥体   (b) 三棱锥直观图   (c) 三棱锥投影

图 4.4 棱锥的投影

棱锥表面取点、直线时，如果点在棱线或底边线上，可直接利用直线上点的特性作图；如果点在棱面上，则需要利用面上取点线的方法作图。点、直线的可见性与其所在棱面相同。

【例 4.2】 如图 4.5（a）所示，已知棱锥体表面上线段ⅠⅡ的正面投影，求作线段Ⅰ Ⅱ的其他投影。

解： 线段ⅠⅡ是由分别位于棱面 SAB 上的线段ⅠⅢ和位于棱面 SBC 上的线段ⅢⅡ组成的折线。点Ⅰ在棱线 SA 上，可以直接根据投影规律作出；点Ⅲ在棱线 SB 上，SB 为侧平线，可通过先求出侧面投影，再根据宽相等求水平投影，或者亦可在棱面 SAB 内作辅助线ⅢE∥AB 先求出水平投影，再求侧面投影；点Ⅱ不在棱面上，需要作辅助线，连接 BⅡ并延长得辅助线 BF，根据投影规律可作出Ⅱ点的投影。连接ⅠⅢ与ⅢⅡ，由于侧面投影棱面 SAB 可见，棱面 SBC 不可见，因此 $1''3''$可见、$3''2''$不可见，如图 4.5（c）所示。

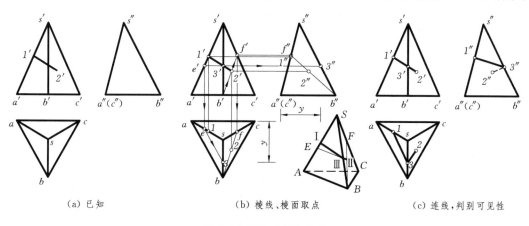

(a) 已知   (b) 棱线、棱面取点   (c) 连线，判别可见性

图 4.5 棱锥表面取点线

3. 棱台

如图 4.6（a）所示，用平行于底面的平面截棱锥，即得到棱台。

棱台特征：上下底面平行，是相似多边形，棱面为梯形。

投影特点：底面所平行的投影面上有两个相似多边形，且有多个梯形；其余两面投影都是梯形，如图 4.6（b）所示。

棱台表面取点线方法同棱锥。

比较：四棱台与梯形棱柱的投影，如图 4.6（b）和图 4.7 所示。

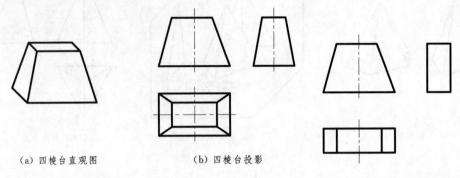

（a）四棱台直观图　　　　　　（b）四棱台投影

图 4.6　四棱台的投影　　　　　　图 4.7　梯形棱柱投影

4.1.2　曲面立体

曲面立体由曲面或平面与曲面围成，常见曲面立体有圆柱、圆锥、圆球等（图 4.8）。这些曲面可看作由一条运动的线（称为母线），绕一固定轴线旋转而成，故统称为回转面。母线处在曲面上任一位置时称其为素线。

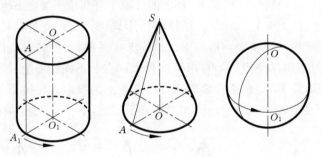

图 4.8　常见曲面立体

回转曲面母线上任一点的运动轨迹是一垂直于轴线的圆，称为纬圆。因此，若用一个垂直于轴线的平面截回转曲面时，截得的交线都是圆周。

曲面立体的表面没有明显的棱线，画投影时，要先用细点画线画出轴线（中心线）的投影，再画外形轮廓投影。有时可适当用细实线画几条素线，以加强形体的立体感。作曲面立体的投影，一定要重视曲面形成的方式及投影轮廓线的分析。

曲面立体表面取点，可利用曲面的素线或者圆心在垂直轴线上的纬圆作辅助线求解。

1. 圆柱

圆柱由圆柱面与两个圆平面围成。圆柱面可看成由直线绕与它平行的轴线旋转而成。圆柱面的素线是平行于轴线的直线。

如图 4.9（a）所示圆柱，轴线垂直于水平面，上下底面圆平行于水平面，表面素线是铅垂线，图 4.9（b）是其三面投影图。整个圆柱面的水平投影积聚成圆，此圆也是上下两个圆平面的投影。正面投影和侧面投影是大小相同的矩形，矩形的上下两条边是圆柱上下两个圆平面的积聚性投影。$a'a_1'$ 与 $b'b_1'$ 是圆柱面的正视外形轮廓线，是圆柱面前后可见性的分界线。$c''c_1''$、$d''d_1''$ 是圆柱面的侧视外形轮廓线，是圆柱面左右可见性的分界线。

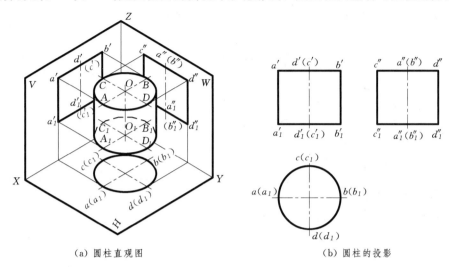

| （a）圆柱直观图 | （b）圆柱的投影 |

图 4.9　圆柱的投影

【例 4.3】　如图 4.10（a）所示，已知圆柱表面上线 AB 的正面投影 $a'b'$，求 ab 及 $a''b''$。

解：该圆柱面的水平投影有积聚性，因此水平投影 ab 在圆周上。$a'b'$ 是直线，但不平行轴线，因此 AB 为一平面曲线，其侧面投影 $a''b''$ 也应该是曲线。作图时，先求出 a''、b'' 及圆柱侧面外形轮廓线上点 C 的侧面投影 c''，再求出线段中间若干点的侧面投影，并依次光滑连接，得 AB 线段的侧面投影。由于点 C 位于侧面投影可见性分界线上，因此可得 $a''c''$ 段不可见，$c''b''$ 段可见。

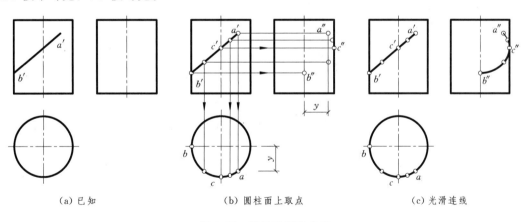

| （a）已知 | （b）圆柱面上取点 | （c）光滑连线 |

图 4.10　圆柱表面取点线

2. 圆锥

圆锥由圆锥面和底面圆围成。圆锥面由直线绕与它相交的轴线旋转而成。圆锥面上素线均为过锥顶的直线。

如图 4.11（a）所示圆锥，轴线垂直于水平面，底面圆平行于水平面，图 4.11（b）是其三面投影图。整个圆锥的水平投影是圆，它既是底圆反映实形的投影，也是圆锥面的投影（注意：圆锥面的投影没有积聚性）；正面投影和侧面投影是大小相同的三角形，三角形的底边是圆锥底面的积聚性投影；$s'a'$ 与 $s'b'$ 是圆锥面的正视外形轮廓线，是圆锥面前后可见性的分界线；$s''c''$、$s''d''$ 是圆锥面的侧视外形轮廓线，是圆锥面左右可见性的分界线。

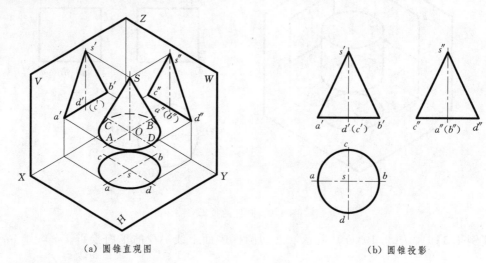

（a）圆锥直观图　　　　　　　　　（b）圆锥投影

图 4.11　圆锥的投影

【例 4.4】　如图 4.12（a）所示，已知圆锥表面上点 K 的正面投影 k'，求 k 及 k''。

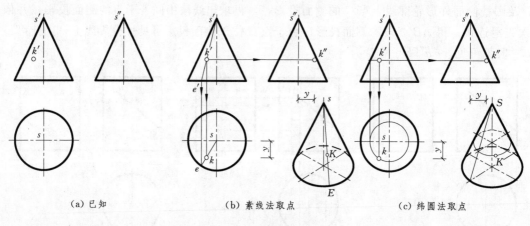

（a）已知　　　　　　（b）素线法取点　　　　　　（c）纬圆法取点

图 4.12　圆锥表面取点

解：从图 4.12（a）可看出点 K 在圆锥面的前面、左侧；可以用素线法作图，也可以用纬圆法作图。

（1）素线法：K 点在圆锥面的一条直素线 SE 上。连 $s'k'$，延长至底面圆得 e'；由 e' 长对正得 e，连接 se，再通过 k' 长对正可得点 k；由 k、k' 宽相等、高平齐可得 k''。

（2）纬圆法：K 点在圆锥面的一个纬圆上，此圆垂直于轴线，平行于底面圆。包含 k' 作出水平纬圆的正面投影，从轴线到正视外形轮廓线的长度为圆的半径。作纬圆的水平投影，k' 长对正到圆的前半周上，得 k。按投影规律作出 k''。

3. 圆球

圆球由球面围成。球面由半圆绕其直径旋转一周而成。球面上没有直线。

图 4.13 为球的直观圆及三面投影。三个投影都是直径为球径的圆,分别是球面对正立面、水平面、侧立面的外形轮廓线的投影。各投影面上外形轮廓线的投影是球面上平行于相应投影面的最大圆,这些圆在其余两投影面上的投影均为直线段,且与该投影面上圆的中心线位置重合。

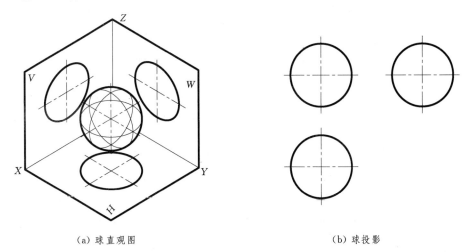

(a) 球直观图   (b) 球投影

图 4.13 球的投影

球面上平行于 V、H、W 面的三个最大圆,将球面分为前、后半球,上、下半球,左、右半球,它们分别是球面上正面投影、水平投影、侧面投影可见部分与不可见部分的分界线。

在球面上取点,只能用辅助圆法。

【例 4.5】 如图 4.14 (a) 所示,已知球表面点 A 的正面投影 a',求 a 及 a''。

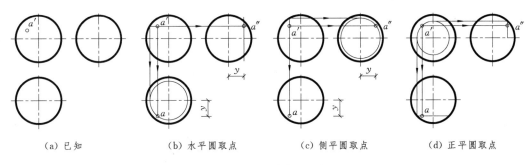

(a) 已知   (b) 水平圆取点   (c) 侧平圆取点   (d) 正平圆取点

图 4.14 圆球表面取点

解: 从点 A 正面投影可知点 A 在球的上面、左面、前面,根据其空间位置可判断各投影的可见性。

点 A 在球表面的一个任意圆上,为便于解题,应选择平行于各投影面的圆,以利用实形性及积聚性作图,具体方法如图 4.14 (b)~(d) 所示。注意每个纬圆的半径应该由轴线量测到外形轮廓线。

4.2 立 体 表 面 交 线

工程形体表面常有交线，画视图时，需要把交线投影画出来。参加相交的立体表面形状不同，交线的形状也不同，但都是相交两面的共有线，交线上的每个点都是相交两面的共有点。

立体表面取点线是求立体表面交线的基础。

4.2.1 平面与立体相交

平面与立体相交，其交线称为截交线，该平面称为截平面。

1. 平面与平面立体相交

平面与平面立体相交时，截交线是平面多边形，多边形边数取决于参加相交的表面个数。多边形的边是截平面与平面立体的棱面或底面的交线，多边形的顶点是截平面与平面立体棱线或底边的交点。

【例 4.6】 如图 4.15（a）所示，已知正垂面 P 与三棱柱相交，求截交线投影。

解： 三棱柱的三个棱面及上底面与截平面 P 相交，截交线是四边形 ⅠⅡⅢⅣ，正面投影为截平面 P 与三棱柱投影重叠的线段。点Ⅰ、Ⅱ在棱线上，直接对应到棱线的水平投影与侧面投影上。ⅢⅣ是正垂线，其正面投影有积聚性，先作出线段ⅢⅣ的水平投影，再按投影规律作出Ⅲ、Ⅳ点侧面投影，如图 4.15（b）所示。依次连接侧面投影的点Ⅰ、Ⅱ、Ⅲ、Ⅳ，线段ⅢⅢ在三棱柱右侧棱面，不可见，其余可见，结果如图 4.15（c）所示。

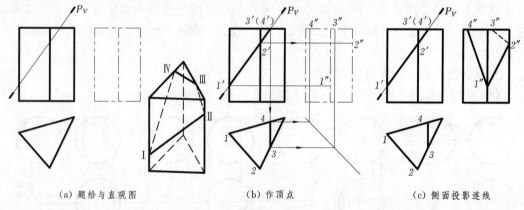

| （a）题给与直观图 | （b）作顶点 | （c）侧面投影连线 |

图 4.15 平面与三棱柱相交

【例 4.7】 如图 4.16（a）所示，完成带缺口四棱柱的水平及侧面投影。

解： 此四棱柱被正垂面 P 与侧平面 Q 组合切割而成。侧平面 Q 与棱柱上底面、右侧前后两棱面及截平面 P 相交，截交线是矩形。正垂面 P 与棱柱的四个棱面及侧平面 Q 相交，截交线为五边形。棱柱棱面的水平投影具有积聚性，矩形截交线的水平投影积聚成一直线，五边形截交线的水平投影左边四条边与棱面水平积聚投影重合、右侧一条边与矩形截交线水平积聚投影重合；再根据投影规律作侧面投影，相邻顶点连线，线的可见性与所在棱面相同，如图 4.16（b）所示。最后处理棱柱的棱线和底边，水平投影不受影响，侧面投影上右侧棱线没有参加相交，为虚线，结果如图 4.16（c）所示。

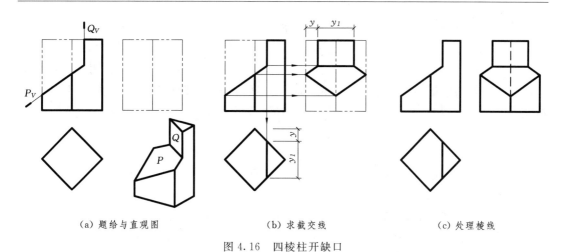

（a）题给与直观图　　　　　　　（b）求截交线　　　　　　　（c）处理棱线

图 4.16 四棱柱开缺口

【例 4.8】 如图 4.17（a）所示，完成开缺口四棱锥的水平及侧面投影。

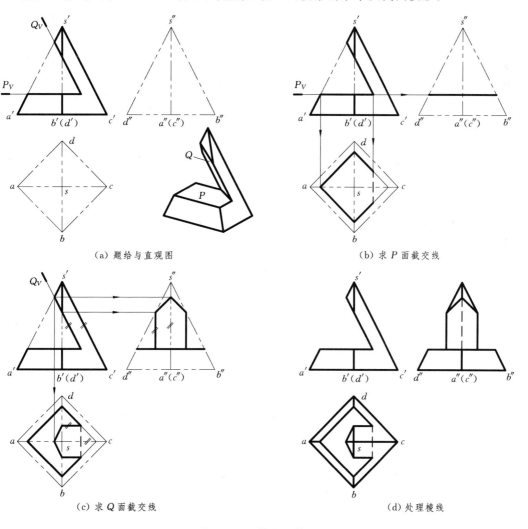

（a）题给与直观图　　　　　　　　　　　（b）求 P 面截交线

（c）求 Q 面截交线　　　　　　　　　　　（d）处理棱线

图 4.17 四棱锥开缺口

解：四棱锥被水平面 P 和正垂面 Q 组合切割而成。P 面平行于底面，与四个棱面及 Q 面相交，截交线是五边形，利用与底边平行的特点作图，如图 4.17（b）所示。Q 面与棱锥四个棱面及 P 面相交，截交线是五边形，Q 面与最右侧棱线平行，利用此特性完成 P 面截交线投影，如图 4.17（c）所示。最后处理切割后的四棱锥棱线，如图 4.17（d）所示。

2. 平面与曲面立体相交

（1）截交线形状。平面与曲面立体的截交线一般为封闭的平面曲线，特殊情况为直线（当截平面通过圆锥锥顶或者圆柱素线时）。当曲面立体的底面参加相交时，截交线为由曲线和直线组成的平面图形。

截交线的形状与曲面立体形状以及截平面与回转体位置有关。

1）圆柱被平面截切，截交线有直线、圆、椭圆三种形状，见表 4.1。

表 4.1　　　　　　　　　　　　　　　　圆 柱 面 的 截 交 线

截平面位置	平行于轴线	垂直于轴线	倾斜于轴线
截交线	两平行直线	圆	椭圆
立体图	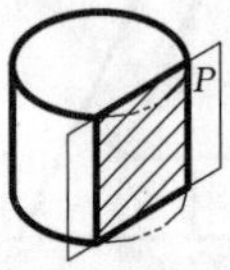	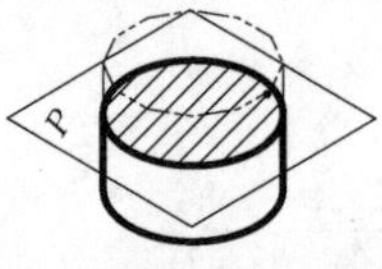	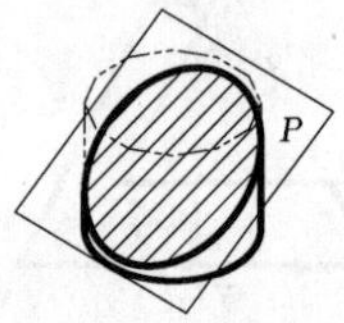
投影图	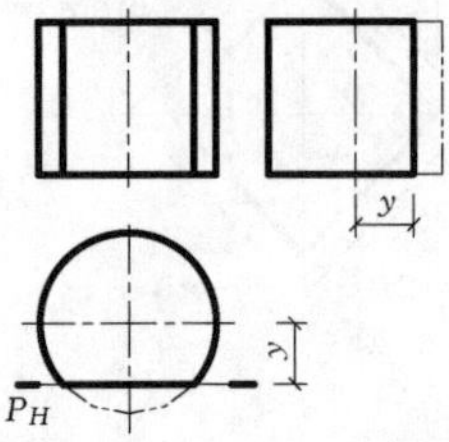	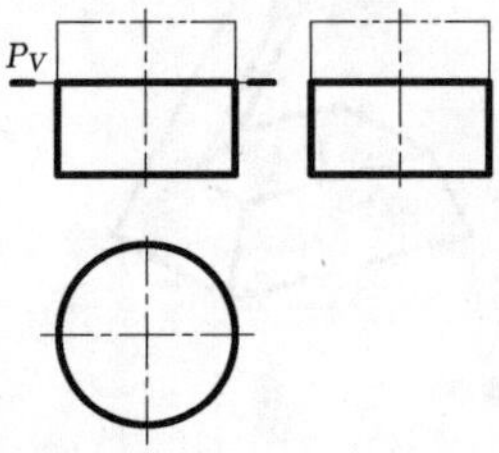	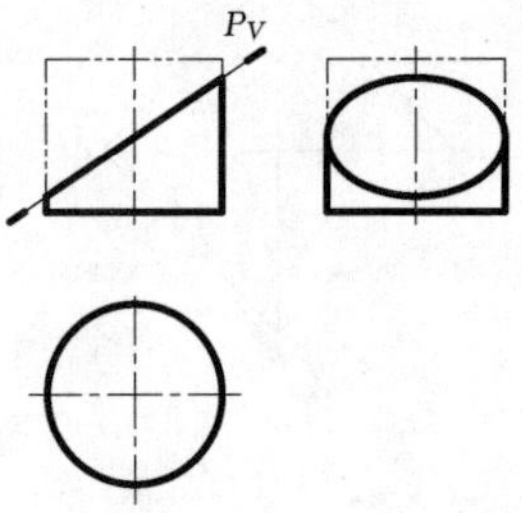

2）圆锥被平面截切，截交线有五种形状，见表 4.2。

3）圆球被任意平面截切，截交线都是圆。其投影形状需视截平面与投影面位置而定。截平面与球心距离不同，圆的直径大小不同。图 4.18 是截平面为侧平面时截交线的投影情况。

4）当截平面与回转体轴线垂直时，截交线为圆，这个纬圆常用作辅助线求截交线上的点。

（2）截交线求法。首先应根据曲面性质和截平面位置，分析截交线的空间形状及投影形状，然后根据截交线形状确定作图方法。当截交线为多边形时，先求各顶点后连接之；当截交线投影为圆时，只需确定圆心和半径即可作圆；当截交线投影为非圆曲线时，则需求出曲面与截平面的一系列共有点（特殊点与中间点），然后依次连接成光滑曲线。在连交线过程中，要注意判断截交线的可见性，与所在曲面可见性相同。

表 4.2　圆锥面的截交线

截平面位置	过锥顶	垂直于轴线	倾斜于轴线并与所有素线相交 ($\theta < \alpha < 90°$)	与一条素线平行 ($\alpha = \theta$)	倾斜或平行于轴线 ($0° \leqslant \alpha < \theta$)
截交线形状	两相交直线	圆	椭圆	抛物线	双曲线
投影图	过锥顶直线	圆	椭圆	抛物线	双曲线　$\alpha = 0°$

注　α 是截平面与圆锥轴线的夹角，θ 是素线与圆锥轴线的夹角。

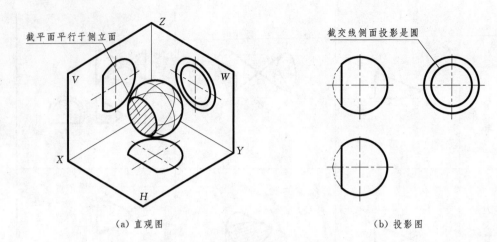

（a）直观图　　　　　　　　　　　　　　（b）投影图

图 4.18　圆球被侧平面截切

截交线上的特殊点是指：①曲面外形轮廓素线及边界线上的点；②曲线的特征点，如椭圆的长短轴端点，双曲线、抛物线的顶点等；③极限位置点，即截交线上的最高、最低、最左、最右、最前、最后点。这些点起着控制截交线形状、趋势和区分虚、实线范围的作用（图 4.19）。

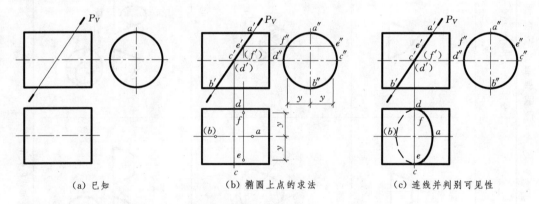

（a）已知　　　　　　　（b）椭圆上点的求法　　　　　　（c）连线并判别可见性

图 4.19　截平面倾斜于圆柱轴线时截交线的求法

【例 4.9】　如图 4.19（a）所示，圆柱与正垂面 P 相交，求截交线。

分析：由截平面 P 倾斜于圆柱轴线可知，截交线为椭圆。因交线是截平面和圆柱面的共有线，而截平面 P 的正面投影和圆柱面的侧面投影有积聚性，故椭圆的正面投影与 P_v 重合、侧面投影与圆周重合，不需另求；本题只需求椭圆的水平投影（仍为椭圆）。

作图：先作出特殊点 A、B、C、D 的投影，这四个点是椭圆长短轴端点，C、D 是圆柱外形轮廓素线上的点；还是椭圆水平投影可见性分界点；补充中间点 E、F，如图 4.19（b）所示。最后连线并判别可见性，如图 4.19（c）。

思考：当截平面与圆柱轴线倾斜成 $45°$ 时，该截交线在 H 面投影为圆。为什么？

【例 4.10】　完成图 4.20（a）所示带缺口圆柱的三面投影。

分析：圆柱上的缺口是被水平面、侧平面、正垂面截切形成的。因此，本题实质上是求平面与圆柱面截交线的问题。三个截平面的正面投影和圆柱面的侧面投影都有积聚性，故截交线的正面、侧面投影都在积聚性线段上，需求的只是截交线的水平投影。因水平截平面平行于圆柱轴线，故截交线是两条侧垂直线；侧平截平面垂直于圆柱轴线，截交线是一段圆弧，水平投影成直线；正垂截平面倾斜于圆柱轴线，交线是部分椭圆，其水平投影为类似图形，如图 4.20（b）所示。

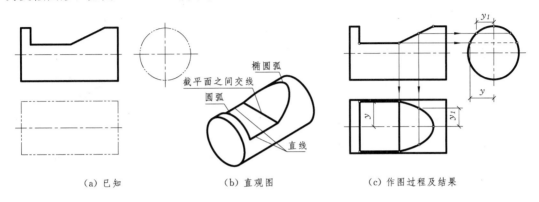

（a）已知　　　　　　　（b）直观图　　　　　　（c）作图过程及结果

图 4.20　带缺口的圆柱

作图： 如图 4.20（c）所示，截平面之间的交线亦应画出。

思考： 如缺口下移至轴线以下，则水平投影会有什么变化？为什么？

【例 4.11】 完成图 4.21（a）所示圆锥被截切后的正面和侧面投影。

分析： 本题圆锥被截切，可看成一铅垂截平面与圆锥面及底面相交的问题；截交线分别是双曲线和直线，两者的水平投影与截平面水平投影重合，为直线。

作图： 如图 4.21（b）所示，双曲线上各点正面投影可用锥面上取点求出。图中所注 A、B、C、D、E 为双曲线上的特殊点，点 A、E 在底面圆上，点 B 是圆锥正面投影外形轮廓线上的点，都可以直接作出；点 C 是曲线的最高点，图中用素线法作出；点 D 是圆锥侧面投影外形轮廓线上的点，用纬圆法求作。然后再求一两个中间点（图中略），依次光滑连线。最后检查加深并擦除被切掉的轮廓线，如图 4.21（c）所示。

【例 4.12】 作图 4.22（a）所示护坡与水闸翼墙表面的交线。

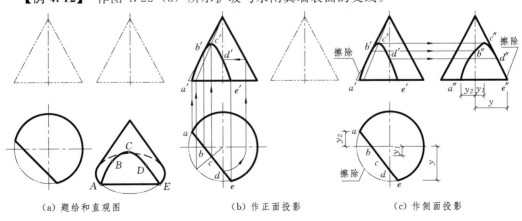

（a）题给和直观图　　　　（b）作正面投影　　　　（c）作侧面投影

图 4.21　被截切的圆锥

分析：从直观图 4.22（b）可看出，护坡与翼墙平面段的交线 DC 段是侧平线，与翼墙弯曲段（1/4 圆柱面）的交线 AC 段是 1/4 椭圆，点 C 是椭圆与直线的分界点。

交线是护坡表面与翼墙表面的共有线。因护坡表面的侧面投影及翼墙表面的水平投影都有积聚性，故其交线的侧面投影及水平投影都可通过积聚投影直接得到。另翼墙平面段的正面投影也有积聚性，所以本题只需求交线 AC 段的正面投影。

作图：先求出 1/4 椭圆的两个端点 A、C 的投影 a'、c'，然后求几个中间点如点 B，最后将点 a'、b'、c' 连成光滑曲线，具体作图如图 4.22（c）所示。

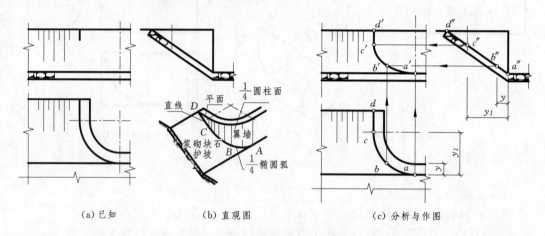

（a）已知　　　　　　（b）直观图　　　　　　（c）分析与作图

图 4.22　护坡与翼墙表面的交线

讨论：如果本题没有给出侧面投影，可由交线是翼墙与护坡表面共有线且其水平投影积聚在圆弧上的性质，利用在平面内取点的方法求出点 B、C 的正面投影。如图 4.23 所示，先在护坡表面上任作一条辅助直线（如 DE），再利用护坡面上的侧垂线 CF、BG 作辅助线求 c'、b'。

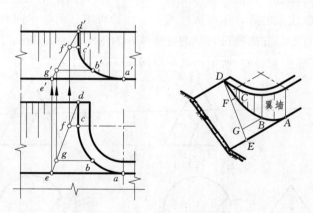

图 4.23　平面内取点法求交线

【例 4.13】　作图 4.24（a）所示水闸进口处 1/4 圆锥台与坡面的交线。

分析：如图 4.24（b）所示，坡面倾斜于圆锥轴线，而且 $\theta < \alpha$，所以交线是部分椭圆。斜面的正面投影有积聚性，故交线的正面投影可直接得到，只需求交线的水平投影。

本例宜采用纬圆法求出交线上的一系列点，然后连成光滑曲线。

作图：如图4.22（c）所示。

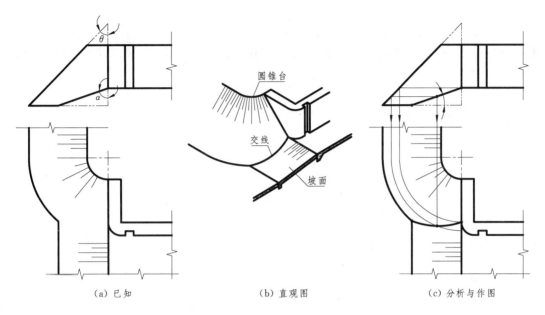

（a）已知　　　　　　　　（b）直观图　　　　　　　　（c）分析与作图

图4.24　水闸进口处圆锥台与斜面的交线

4.2.2　两立体相交

两立体相交称为相贯，其表面的交线称为相贯线。当一立体全部棱线或素线与另一立体表面相交时称为全贯，如图4.25（a）所示；当两立体都只有部分棱线或素线与另一立体表面相交时称为互贯，如图4.25（b）所示。全贯时一般有两条相贯线，互贯时则只有一条相贯线。

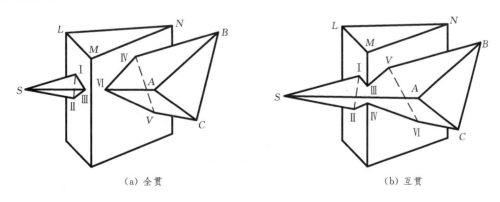

（a）全贯　　　　　　　　　　　　　　（b）互贯

图4.25　全贯与互贯

工程形体一般是多种形体的组合，当这些几何形体表面相交时，会产生相贯线。相贯线是形体表面的分界线。在绘制工程形体的视图时，需要画出相贯线的投影。

求相贯线的一般步骤如下。

（1）交线分析。当相交立体中有一个是平面立体时，就可以把求相贯线的问题作为平面与立体求交线来解决。若都是曲面立体，要根据它们的表面形状、相对大小及相对位置，分析是一般相贯问题，还是特殊相贯问题，相贯线是空间的还是平面的。

（2）投影分析及交线求作。分析相贯线的根数及需要求作的投影，应关注投影中有无积聚性可利用；然后选择适当的解题方法，利用面上取点或辅助平面来求相贯线上的点（含特殊点及中间点）；再依次连接各点并判别可见性。

（3）组合体形状分析及轮廓线处理。在求出交线以后，组合体形状就已基本构成。此时应分析并将视图中因相交而不存在的原立体轮廓线擦除，将仍需保留的外形轮廓线加深，从而构成一个完整的组合体视图。

1. 两平面立体相贯

两平面立体的相贯线是空间闭合折线或平面多边形，如图 4.25 所示。此空间折线或平面多边形的各直线段是两平面体上相应平面的交线。

求两平面立体相贯线的方法有以下两种。

（1）求出一平面立体上各平面与另一立体的截交线，组合起来，得到相贯线。

（2）求出两个平面立体上所有参与相交的棱线及底边与另一立体表面的交点（贯穿点），按一定规则连线得到相贯线。

为了避免作图的盲目性，在解题前应先分析两立体上有哪些平面、哪些棱线及底边参与相贯。

【例 4.14】 求图 4.26（a）所示三棱锥与三棱柱的相贯线。

分析：

（1）题目所示为两个互贯的平面立体，其相贯线为一空间闭合折线；可看做由三棱柱的 LM 棱面、MN 棱面截三棱锥，或三棱锥的 SAB 棱面、SBC 棱面、SAC 棱面截三棱柱，由于题目中三棱柱的 LM 棱面、MN 棱面水平投影具有积聚性，因此选用三棱柱的 LM 棱面、MN 棱面截三棱锥。

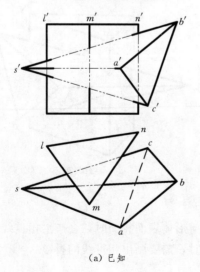

（a）已知

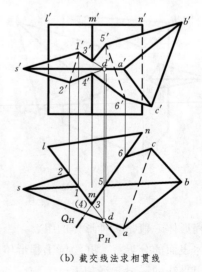

（b）截交线法求相贯线

图 4.26　三棱锥与三棱柱相交

（2）相贯线是两立体表面的共有线，而三棱柱的水平投影有积聚性，因此相贯线的水平投影积聚在△*lmn*上。本题只需求相贯线的正面投影。

作图：

（1）求相贯线。扩大棱面 *LM*（平面 *P*），它与三棱锥的截交线为△Ⅰ Ⅱ *D*。由此得出棱面 *LM* 与三棱锥各棱面的截交线Ⅲ-Ⅰ-Ⅱ-Ⅳ。同法，可以得出棱面 *MN* 与三棱锥表面的截交线Ⅲ-Ⅴ-Ⅵ-Ⅳ。组合起来，就得出两立体的相贯线为Ⅰ-Ⅱ-Ⅳ-Ⅵ-Ⅴ-Ⅲ-Ⅰ，如图 4.26（b）所示。

（2）判别可见性。判别相贯线的可见性的原则是：只有两立体可见表面的交线才可见，否则均不可见（注：只适用于非孔洞的相贯）。本题中三棱柱的棱面 *LM*、*MN* 正面投影均可见，三棱锥的棱面 *SAB*、*SAC* 正面投影也可见，所以它们的交线Ⅰ-Ⅲ-Ⅴ及Ⅱ-Ⅳ-Ⅵ正面投影均可见，而 1'2'及 5'6'则不可见。

（3）补全图线。三棱柱的两棱线 *L*、*N* 未参与相贯，位于三棱锥之后，所以它们的中间一段应画虚线。棱线 *M* 在Ⅲ、Ⅳ两点之间一段贯入三棱锥内，两立体相贯后作为一个整体，这段线不再存在，因此，不画线。棱线 *M* 上、下两段用粗实线画至贯穿点Ⅲ、Ⅳ处。

三棱锥棱线的处理方法同上。

【例 4.15】 求图 4.27（a）所示六棱锥与四棱柱的相贯线。

分析：

（1）题目所示为两个全贯的平面立体，其相贯线为一空间闭合折线。本题两立体参与相交棱面较多，截交线法求解比较繁琐，贯穿点法相对简单。六棱柱和四棱柱的正面投影都没有积聚性，相贯线的正面投影未知；四棱柱的水平投影有积聚性，相贯线的水平投影已知，并且前后、左右对称。

（2）如图 4.27（b）的水平投影可看出，六棱锥的棱线与四棱柱的贯穿点为Ⅰ、Ⅱ、Ⅳ、Ⅴ、Ⅵ、Ⅷ，四棱柱的棱线与六棱锥的贯穿点为Ⅰ、Ⅲ、Ⅴ、Ⅶ。

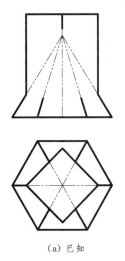

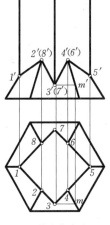

（a）已知　　　　　　　（b）作贯穿点，求相贯线　　　　　　（c）补全轮廓线

图 4.27　六棱锥与四棱柱相交

作图：

（1）求相贯线。贯穿点Ⅰ、Ⅱ、Ⅳ、Ⅴ、Ⅵ、Ⅷ位于六棱锥的棱线上，可直接求出；贯穿点Ⅲ、Ⅶ位于四棱柱的棱线和六棱锥前后两个棱面上，需通过在六棱柱棱面内作平行于底边的辅助线ⅢM进行求解。

（2）依次连接各点，作出相贯线，如图 4.27（b）所示。

（3）补全图线，如图 4.27（c）所示。

2. 平面立体与曲面立体相贯

平面立体与曲面立体的相贯线一般是由若干段平面曲线组成的空间闭合线，如图 4.28 所示。这些平面曲线是平面体的棱面与曲面体表面的截交线，相邻两平面曲线的连接点是平面体的棱线与曲面体的贯穿点，如图 4.28 中的点Ⅰ、Ⅱ、Ⅳ、Ⅴ。求平面体与曲面体相贯线的实质是求截交线和贯穿点，解题时应注意分析各段截交线的空间形状及其投影情况。

【例 4.16】 求作图 4.28（a）所示三棱柱与圆锥的相贯线。

分析： 三棱柱棱面的正面投影有积聚性，相贯线的正面投影与之重合，只需求相贯线的水平及侧面投影。由正面投影可以看出本题为互贯，只有一条相贯线。

棱面 BC 与圆锥面的截交线为圆弧，其水平投影反映实形；棱面 AB 扩大后通过锥顶 S，与圆锥面的截交线为两段直素线；棱面 AC 与圆锥面的截交线为椭圆弧；棱线 A 和 B 与圆锥的四个贯穿点为相贯线的折点（两段截交线的连接点）。

作图： 按求作截交线的方法，分别求出三段截交线（圆弧、两段直线和椭圆弧）即可。

锥面的水平投影都可见，但棱面 BC 的水平投影不可见，故弧 132 不可见；侧面投影的可见性及两立体轮廓线的处理如图 4.28（b）所示。

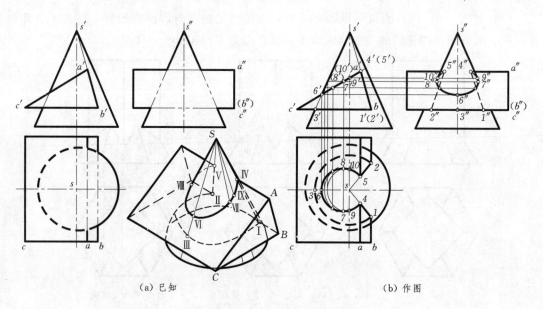

（a）已知　　　　　　　　　　　　　　（b）作图

图 4.28　三棱柱与圆锥的相贯线

3. 两曲面立体相贯

两曲面立体表面的相贯线一般是闭合的空间曲线,特殊情况下可能是平面曲线或直线。

曲面体表面光滑,不像平面体那样有棱线,因此求两曲面体的相贯线时,一般是先求出相贯线上一系列点,然后依次连成光滑曲线,并根据其可见性画成实线或虚线。求相贯线上的点时,通常先求控制点(两立体外轮廓线上的点、距投影面最远及最近的点等能控制相贯线投影的范围、走向及可见性的点),再根据需要求若干个中间点。

求相贯线的常用方法为面上取点法和辅助平面法。

(1)用面上取点法求相贯线。当相交立体之一的一个投影有积聚性时,积聚性投影就是相贯线投影,相贯线的该面投影已知,其余投影可利用面上取点的方法求出。

【例 4.17】 求出图 4.29(a)所示两圆柱的相贯线。

分析:两圆柱直径不等、轴线垂直相交。小圆柱的所有素线都与大圆柱的上表面相

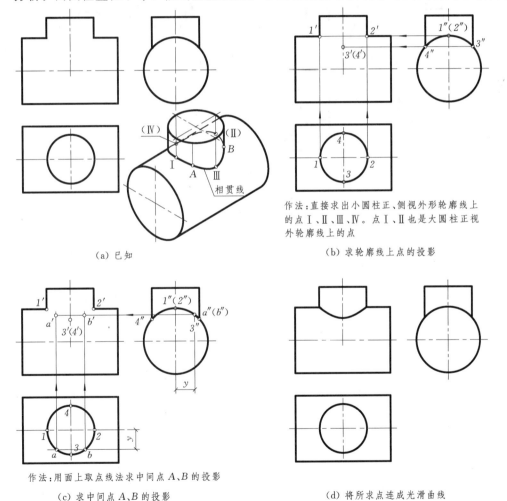

(a)已知

(b)求轮廓线上点的投影

作法:直接求出小圆柱正、侧视外形轮廓线上的点 Ⅰ、Ⅱ、Ⅲ、Ⅳ。点 Ⅰ、Ⅱ 也是大圆柱正视外轮廓线上的点

作法:用面上取点线法求中间点 A、B 的投影

(c)求中间点 A、B 的投影

(d)将所求点连成光滑曲线

图 4.29 两正交圆柱的相贯线

交，相贯线是一条闭合的空间曲线。因小圆柱的水平投影和大圆柱的侧面投影有积聚性，故相贯线的水平投影积聚在小圆柱的水平投影上；侧面投影积聚在大圆柱的侧面投影上，但不是整个圆，仅两圆柱投影重叠部分。因此相贯线的水平和侧面投影已知，只需求出相贯线的正面投影。从水平投影可看出，相贯线的左右、前后都对称，其正面投影的不可见部分与可见部分重合。两圆柱的外形轮廓线相交（因在同一正平面内），见图中Ⅰ、Ⅱ两点。

作图：如图 4.29 (b)～(d) 所示。

工程上有多种形式的两圆柱正交情况。如图 4.30 (a) 和 (b) 所示为管接头（三通），其中图 4.30 (a) 表示了外表面的交线；图 4.30 (b) 表示了内表面的交线；图 4.30 (c) 所示为圆杆件上开了一个圆柱孔，杆件的上下表面各产生一根交线。这些交线实质上都是两圆柱正交的相贯线，所以求法都是一样的。

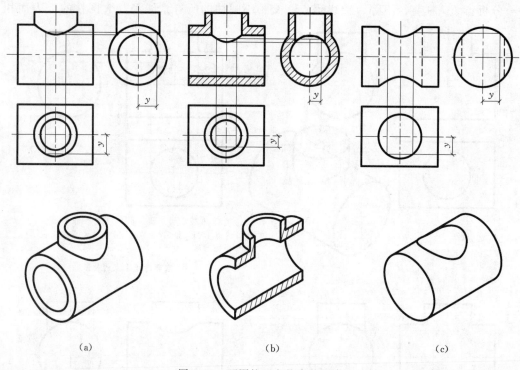

(a)　　　　　　　　　　(b)　　　　　　　　　　(c)

图 4.30　两圆柱正交的多种形式

图 4.31 表示两廊道相交。两廊道顶部都是半圆柱面，其内、外表面的交线也是两圆柱的相贯线。

（2）用辅助平面法求相贯线。该方法的原理为三面共点。如图 4.32 所示，为求甲、乙两面交线，可作辅助平面 P，分别求出它与甲面和乙面的截交线，这两条截交线的交点 K 就是甲面、乙面及辅助平面 P 三个面的共有点，也必然是甲、乙两面交线上的点。

用三面共点原理求两曲面立体表面交线的作图步骤如下。

1）作一适当辅助面（通常采用特殊位置平面），画出辅助面有积聚性的投影。

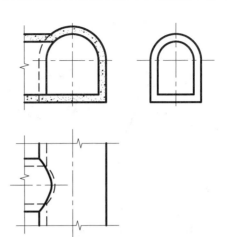

图 4.31 两廊道正交

2）分别求出辅助面与两曲面立体截交线的投影。

3）两条截交线的交点即两曲面交线上的点。

4）运用上述方法有选择地作若干个辅助面，求出相贯线上一系列的点，然后依次光滑连接，即为所求的相贯线。

为使作图简便，应选择适当的辅助面，即：辅助面与立体表面交线的投影是直线或圆。对于柱面可用平行于素线的辅助平面；锥面可用过锥顶的辅助平面；回转面可用垂直于轴线的辅助平面。

【例 4.18】 求作图 4.33（a）所示圆柱与圆锥的相贯线。

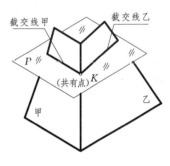

图 4.32 三面共点

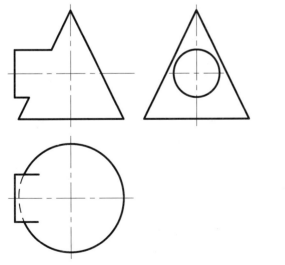

（a）已知

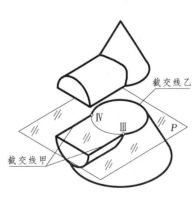

（b）用水平面作辅助面

图 4.33（一） 圆柱与圆锥相贯线（作法一）

73

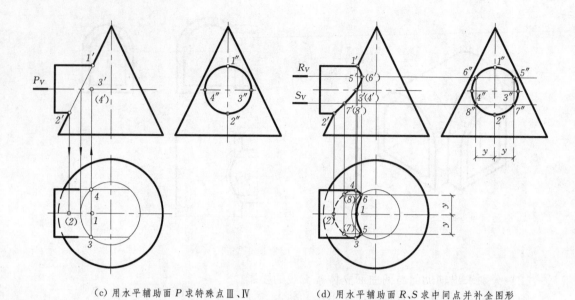

（c）用水平辅助面 P 求特殊点 Ⅲ、Ⅳ　　　　　（d）用水平辅助面 R、S 求中间点并补全图形

图 4.33（二）　圆柱与圆锥相贯线（作法一）

分析：圆柱与圆锥轴线正交，圆柱所有素线都与圆锥左侧表面相交，相贯线是一条闭合的空间曲线。

两相贯体前后对称，故相贯线的正面投影可见与不可见部分重合。

圆柱的侧面投影有积聚性，相贯线的侧面投影即在圆周上。本题只需求相贯线的正面及水平投影，可用的辅助平面是水平面、过锥顶的正平面、过锥顶的侧垂面，如图 4.33（b）所示。

作图：过程如图 4.33（c）、（d）所示。

讨论：图 4.34 为本题的另一种作法，试比较两种作法的特点。

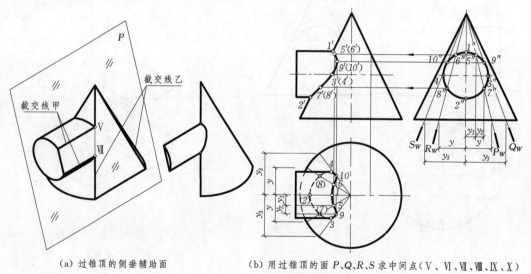

（a）过锥顶的侧垂辅助面　　　　　（b）用过锥顶的面 P、Q、R、S 求中间点（Ⅴ、Ⅵ、Ⅶ、Ⅷ、Ⅸ、Ⅹ）

图 4.34　圆柱与圆锥相贯线（作法二）

【例 4.19】 求作图 4.35（a）所示两圆柱的相贯线。

分析： 两圆柱直径不等，轴线不相交；小圆柱的素线全部穿入半圆柱，相贯线为一条闭合的空间曲线。因小圆柱的水平投影和半圆柱的侧面投影有积聚性，故相贯线的水平投影和侧面投影可直接得到。本例只需求相贯线的正面投影。

该相贯体前后不对称，故相贯线的正面投影是一条闭合曲线，并且虚、实线不重合。两圆柱正视外形轮廓线不相交（因不在同一正平面内），应分别求出外形轮廓线上的点并区分可见性［当间距较小时，应放大表达，如图 4.35（d）所示］。

本例可采用正平面或水平面、侧平面作辅助面。

作图： 如图 4.35（b）～（d）所示。

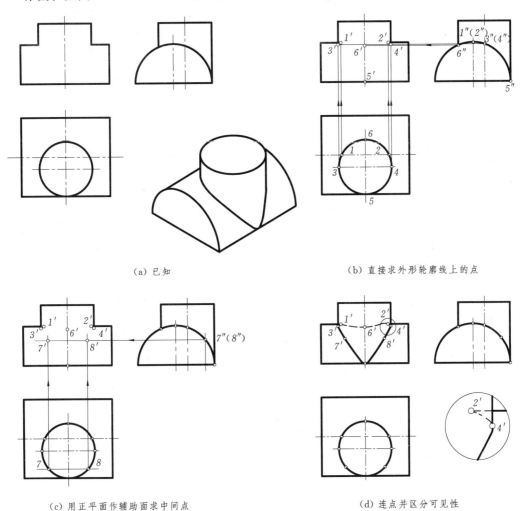

（a）已知　　　　　　　　　　　　　　　（b）直接求外形轮廓线上的点

（c）用正平面作辅助面求中间点　　　　　　（d）连点并区分可见性

图 4.35　两轴线不相交圆柱的相贯线

思考： 若小圆柱向前偏移，其部分素线不参与相交，相贯线会有何变化？

4. 相贯的特殊情况

两曲面立体的相贯线，特殊情况下会退化为直线、圆或其他平面曲线，常见的有以下几种。

（1）两圆柱轴线平行或两锥共锥顶时，相贯线是两条直线，如图 4.36 所示。

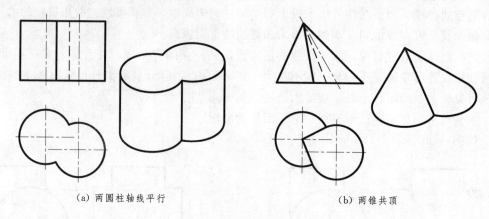

（a）两圆柱轴线平行　　　　　　　　　　（b）两锥共顶

图 4.36　相贯线是直线

（2）两回转体共轴线时，相贯线是垂直于轴线的圆，如图 4.37 所示。

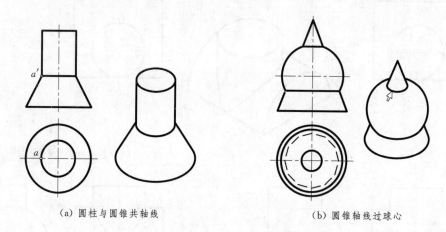

（a）圆柱与圆锥共轴线　　　　　　　　　　（b）圆锥轴线过球心

图 4.37　同轴回转体的相贯线是圆

（3）当两回转体轴线相交，且外切于同一个球时，相贯线是平面曲线（常为两个相交的椭圆），如图 4.38 所示。

当这两个立体的轴线平行于同一投影面时，平面曲线所在的平面垂直于此投影面，相贯线在该面的投影积聚成直线段，其余投影是类似图形。如图 4.38 所示，两立体轴线都平行于正立面，所以相贯线（椭圆）的正面投影重合成直线段。

此类情况最常见的是两圆柱（或圆柱孔）直径相同、轴线相交，这时必能公切于一个球，相贯线是两个椭圆：轴线正交时，两椭圆大小相同；轴线斜交时，两椭圆短轴相同、长轴不等，如图 4.38（a）和（b）所示。该特殊情况可这样理解：如图 4.39（a）所示，将一个圆柱斜截成甲、乙两段，两段上的截交线是完全相等的椭圆；如果把乙段换位使两个椭圆完全吻合，如图 4.39（b）所示，这时椭圆就成了甲、乙两圆柱的相贯线了。如果再分别延长这两段，如图 4.39（c）所示，相贯线则为两个椭圆，当截角 $\alpha \neq 45°$ 时，轴线斜交，两椭圆大小不等。

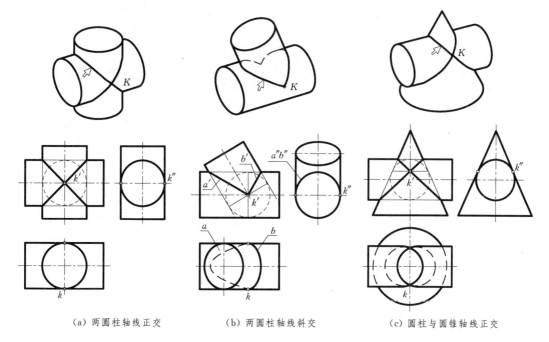

（a）两圆柱轴线正交　　　　　（b）两圆柱轴线斜交　　　　　（c）圆柱与圆锥轴线正交

图 4.38　相贯线是平面曲线

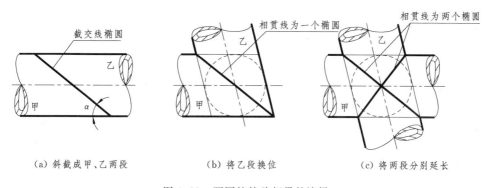

（a）斜截成甲、乙两段　　　　（b）将乙段换位　　　　（c）将两段分别延长

图 4.39　两圆柱特殊相贯的演绎

有关特殊相贯的实例，水利工程中常可遇见。如图 4.40 所示是引水管道叉管的一种情况，两段锥管和主管（圆柱管）外切于一个球，它们的相贯线是由三段部分椭圆组成的。

4.2.3　组合体构形与交线的关系

由若干基本几何体构成组合体时，如形体间相对大小或位置发生变化，其表面交线也会不同；当叠加或挖切的构形方式不同时，所产生的表面交线相同，但得到的组合体形状不同。图

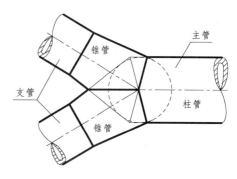

图 4.40　特殊相贯的实例

4.41 表明，两圆柱轴线正交时，因圆柱直径变化，相贯线的弯曲趋势及组合体形状变化趋势。图 4.42 表明构形方式不同得到不同的组合体，例如：当半球由叠加一块四棱柱，改为挖切一四棱柱孔时，球表面的交线相同，但所产生的物体形状是不同的。

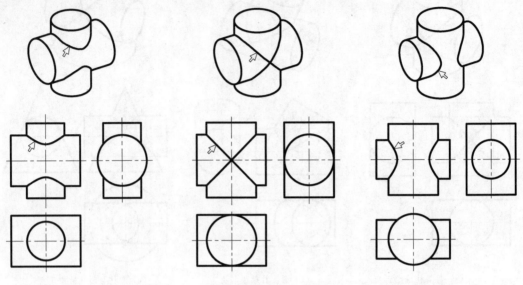

(a) 相贯线是上、下各一条空间曲线　　(b) 相贯线是两条平面曲线　　(c) 相贯线是左、右各一条空间曲线

图 4.41　两圆柱直径变化时相贯线的变化趋势

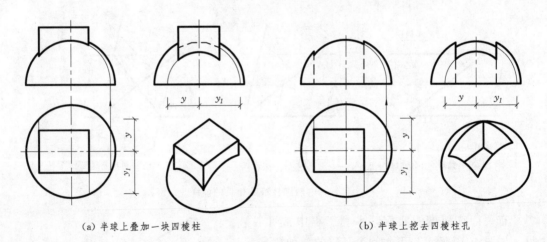

（a）半球上叠加一块四棱柱　　　　　　　　　　（b）半球上挖去四棱柱孔

图 4.42　不同构型方式，交线相同，但形状不同

4.3　组合体视图的画法和尺寸标注

在画组合体视图前，一般应先进行形体分析，再进行视图选择。

4.3.1　形体分析

所谓形体分析就是将任何复杂的工程形体设想为若干个基本几何体，相互间经叠加或挖切组合而成。

图 4.43（a）所示扶壁式挡土墙，可以把它看成由底板、直墙和支撑板三部分组成。底板是水平放置的多边形柱体，直墙是长方体，支撑板是三棱柱，如图 4.43（b）所示。图 4.43（c）所示渡槽槽墩，是由底板、墩身和支墩三部分组成的。底板是一块长方体；墩身分上、下两部分，下部是一四棱台，上部两端是半圆柱，中间是一长方柱，支墩是多边形柱体，如图 4.43（d）所示。

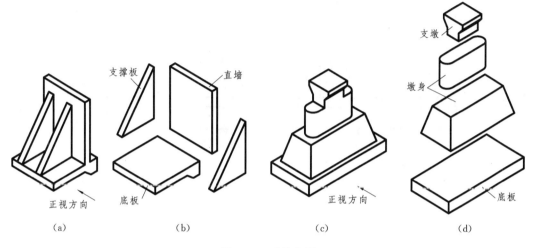

图 4.43　形体分析

这种将构筑物分解为若干基本体来研究的方法，称为形体分析法，它是画图、读图及尺寸标注的基本方法。

4.3.2　视图选择

视图选择的原则是：用较少的视图把物体完整而清晰地表示出来。

视图选择包括选择正视图及确定视图数量两个方面。

1. 选择正视图

选择正视图时应考虑以下问题。

（1）确定物体的放置位置——通常按工作位置放置。如图 4.43（a）所示挡土墙，应使底板在下，直墙在上，并将底板顶面放成水平位置。

有些物体则按施工、制造时的位置放置，如预制桩一般平放，轴套类零件的轴线画成侧垂线，以便于施工、制造人员阅读。

（2）选择投射方向——正视图应尽量反映物体各组成部分的形状特征及其相对位置。另外，还应尽量减少视图的虚线及合理布置图幅。

图 4.43（a）所示挡土墙，以箭头所指作为正视方向，可以反映底板、直墙、支撑板三部分的上下、左右的相对位置，还能反映底板和支撑板的特征形状。

选用正视图时，还要考虑到尽可能减少其他视图中的虚线（图 4.44）及合理布置图幅（图 4.45）。

2. 确定视图的数量

在保证完整清晰地表示物体的前提下，应尽量减少视图的数量。

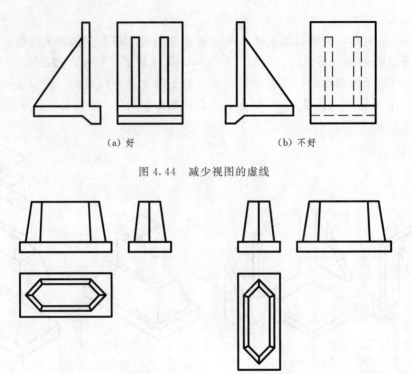

(a) 好   (b) 不好

图 4.44 减少视图的虚线

(a) 好   (b) 不好

图 4.45 合理布置图幅

基本形体并不都需要三个视图。如图 4.46 中有 "×" 的视图就不用画出。如果注上尺寸，有的形体甚至只需一个视图，如图 4.47 所示。

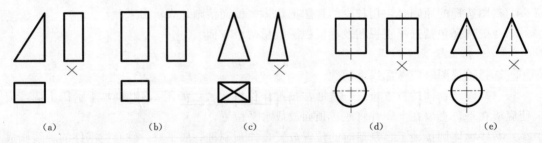

(a)   (b)   (c)   (d)   (e)

图 4.46 基本形体的视图数量

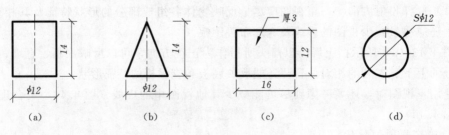

(a)   (b)   (c)   (d)

图 4.47 尺寸辅助确定形状

表达一个组合体需要几个视图，应在正视图确定之后，分析各组成部分的形状及相对位置有哪些没有表达清楚，再确定需用几个视图。

如图4.48所示槽墩，正视图已反映底板的长度及高度，还需俯视图或侧视图反映其宽度；正视图反映了墩身的高度，还需俯视图反映它的形状特征；三个部分相互位置在正、俯视图中已经表达清楚。如果没有支墩，该槽墩只需正、俯两个视图就可以了，但支墩在正、俯视图中未能反映其特征形状，故还需要画出侧视图。

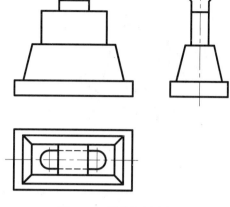

图4.48 槽墩视图选择

确切表达一个四棱柱需要三个视图，但工程上常用两个视图表示（具有一定工程结构知识，且不致引起误解的前提下）。如图4.44（a）挡土墙中的四棱柱直墙，本该用三个视图才能确定其形状，实际有时只用两个视图表达的原因就在于此。

4.3.3 画组合体视图注意事项

1. 用叠加法画图时

（1）两表面相交——交线应全部画出（包括截交线、相贯线），如图4.49（a）、（e）所示。

（2）两表面相切——切线不应画出，如图4.49（b）所示。

（3）两表面平齐（共面）——连接处轮廓线不应画出，如图4.49（c）所示。

2. 用切割法画图时

（1）被切掉的轮廓线——不应画出，如图4.49（d）所示。

（2）因切割而产生的交线——不可漏画，如图4.49（d）所示。

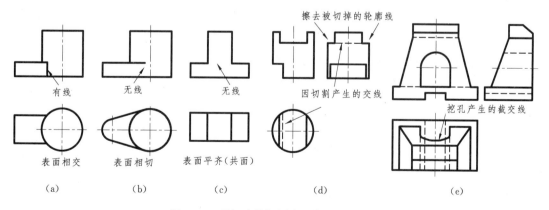

图4.49 画组合体视图表面线的处理方法

4.3.4 画图举例

如图4.50所示为一滚轮支架直观图，下面以此为例说明组合体视图的画图步骤。

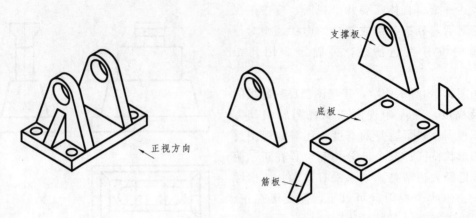

图 4.50 滚轮支架的形体分析

1. 形体分析

滚轮支架由一块底板、两块直立的支撑板和两块三棱柱筋板组成。

2. 视图选择

滚轮支架是安装滚轮用的，工作位置可有多种情况。从稳定放置考虑，把底板放平并以箭头所指作为正视图的投射方向。

此时，该形体的左右、前后对称，其由三部分共五块形体组成的特征及各形体间的相对位置，都能从正视图反映出来。因支撑板的特征形状需左视图反映，底板的特征形状需俯视图反映，故本例共需三个视图。

3. 画图

首先根据物体的大小和复杂程度选定合适的比例，再按视图数量、大小及标注尺寸所需位置，把各视图匀称地布置在图幅内（画出各视图的基准线、对称线和中心线），然后按形体分析将各基本体由大到小，逐个画出各视图，最后按前述组合体画图注意事项，仔细对照检查无误后方可加深。

画图步骤如图 4.51 所示。

4.3.5 尺寸标注

视图主要表达物体的形状，物体的大小则由尺寸确定，故画出视图后，还须标注尺寸。为了注好组合体的尺寸，应先了解基本形体的尺寸注法。

1. 基本形体的尺寸标注

基本形体的尺寸是确定其长、宽、高三个方向大小的定形尺寸，应按其形状特征进行标注。图 4.52 为几种常见基本形体的尺寸注法。

当物体被截或相交时，只需注出截面或相交物体之间的定位尺寸，通常交线本身不必注任何尺寸（因位置确定，则交线就确定），如图 4.53 所示。

2. 组合体的尺寸标注

组合体的尺寸可由各基本形体的尺寸组合而成。因此，应当对组合体进行形体分析，确定简单形体的定形尺寸后，再按整体情况标注定位尺寸及总体尺寸。

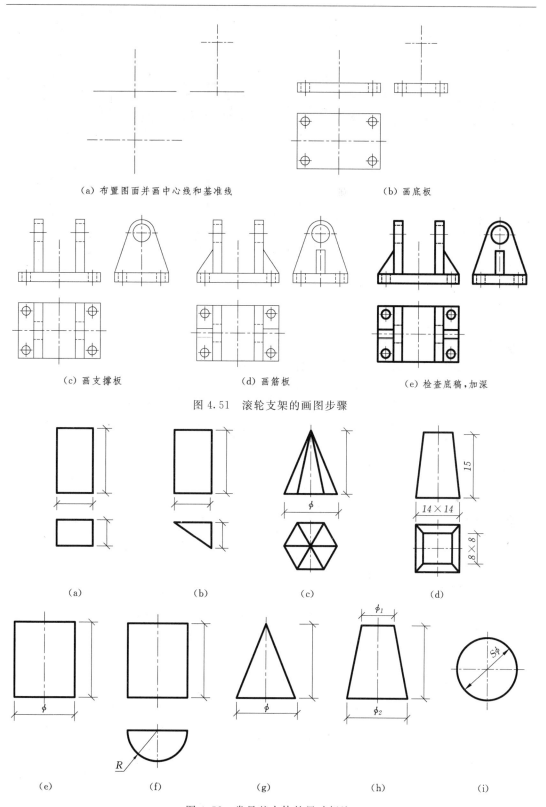

（a）布置图面并画中心线和基准线 （b）画底板

（c）画支撑板 （d）画筋板 （e）检查底稿，加深

图 4.51 滚轮支架的画图步骤

（a） （b） （c） （d）

（e） （f） （g） （h） （i）

图 4.52 常见基本体的尺寸标注

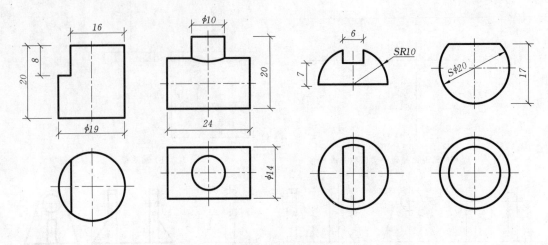

图 4.53 切口及相交形体的尺寸注法

确定形体位置的基准称为尺寸基准，物体长、宽、高方向应至少各有一个尺寸基准。一般选组合体的对称面、底面、端面或回转体的轴线等作为尺寸基准。

尺寸标注的要求是：正确、齐全、清晰、合理。

（1）尺寸标注须正确。尺寸正确包括两个方面，即遵守国家制图标准的各项规定，尺寸单位规定为毫米，特殊情况需要使用非毫米单位时应注明单位；同时，图样上的尺寸数字应精确反映形体的真实大小和准确位置，数值与图形大小及绘图准确度无关。

（2）尺寸标注须齐全。所注尺寸应能确定物体各组成部分大小、相对位置及组合体的总体大小。即在形体分析的基础上，应注全以下三种尺寸。

1）定形尺寸——确定各基本形体大小（长、宽、高）的尺寸。

2）定位尺寸——确定基本形体之间相对位置（上下、左右、前后）的尺寸。

3）总体尺寸——确定物体总长、总宽、总高的尺寸。

（3）尺寸标注须清晰。工程图上的尺寸应一目了然，便于看图和查找。为此，在布置尺寸时要注意以下几点。

1）尺寸一般注在反映形体特征的视图上，并靠近被注线段，如图 4.54 所示。与两视图有关的尺寸尽可能注在两视图之间。同一形体的有关尺寸尽可能注在同一视图上，反映同一线段的尺寸一般只注一次。

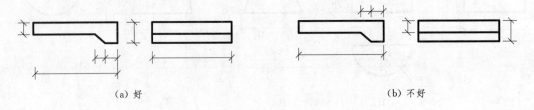

（a）好   （b）不好

图 4.54 尺寸注在形体特征视图上

2）尺寸线尽可能注在轮廓线之外，以免影响视图清晰。

3）尺寸线尽可能排列整齐，如图 4.55、图 4.56 所示。

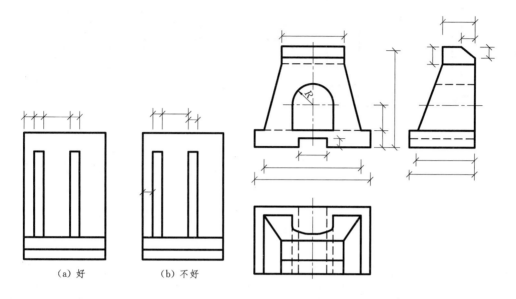

图 4.55 尺寸应排列整齐　　　　　　图 4.56 涵洞口的尺寸注法

（a）好　　　　　　（b）不好

4）尽量避免在虚线上注尺寸。

（4）尺寸标注须合理。所谓合理，就是要使所注尺寸符合设计、施工要求。这需要通过后续课程的学习及参加生产实践，具备一定的施工、测量及工艺知识后，才能逐步做到。

【例 4.20】 标注图 4.57（a）所示挡土墙的尺寸。

解： 如图 4.57（b）～（d）所示，尺寸标注按以下步骤进行。

1）运用形体分析，确定各组成部分（底板、直墙、支撑板）的形状及确定各个形体所需的尺寸，如图 4.57（b）所示。

2）在组合体视图上注出各基本形体的定形尺寸，如图 4.57（c）所示。因直墙宽度尺寸⑪与底板宽度尺寸②相同，故省去⑪，不重复标注。

3）确定尺寸基准，注出各简单形体之间的定位尺寸。

直墙和底板前后平齐，不需要定位尺寸。有了支撑板尺寸⑦，直墙前后位置也已确定。

当某方向的相互位置可由定形尺寸或通过计算等其他因素得出时，则不必标注该方向的定位尺寸。故本例只需注支撑板前后方向的定位尺寸⑬、⑭。

4）标注总体尺寸，并局部调整，使之合理。

总长、总宽尺寸与底板长、宽尺寸相同。注出总高尺寸后，直墙高度尺寸⑫＝⑮－③，可计算得出，不需注出。

标注回转体的定位尺寸，应确定轴线位置，如图 4.58 的 a、b、c 尺寸。当形体一端为有同心孔的回转体时，该方向的总体尺寸一般不标注，而改注为回转体轴线的定位尺寸（回转体半径 R 须注出），如图 4.58 所注回转体轴线的总高 c，须注意这一标注特点。

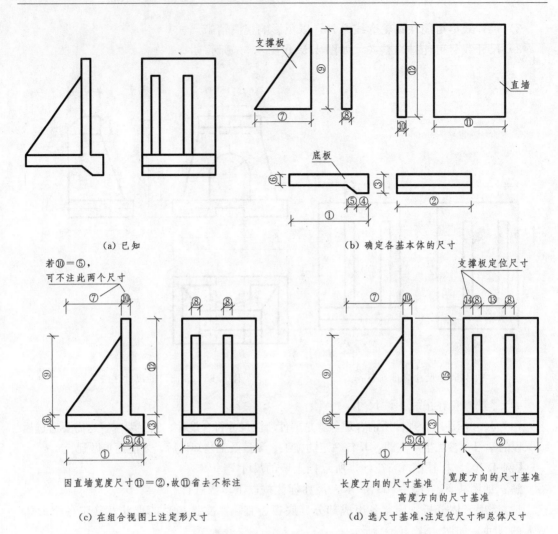

支撑板

直墙

底板

（a）已知

（b）确定各基本体的尺寸

若⑩＝⑤，
可不注此两个尺寸

因直墙宽度尺寸⑪＝②，故⑪省去不标注

（c）在组合视图上注定形尺寸

支撑板定位尺寸

长度方向的尺寸基准

宽度方向的尺寸基准

高度方向的尺寸基准

（d）选尺寸基准，注定位尺寸和总体尺寸

图 4.57　挡土墙的尺寸标注

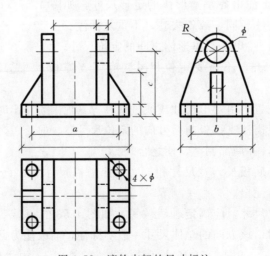

R　　ϕ

c

a

b

$4\times\phi$

图 4.58　滚轮支架的尺寸标注

4.4　看组合体视图的方法

看图就是根据物体的视图想象该物体的空间形状，也称读图。看图时除了应熟练运用投影规律分析外，还应掌握看图的基本知识和基本方法。

4.4.1　看图基本知识

在掌握了第二章有关看图初步知识的基础上，还需注意以下几点。

（1）视图上的一条线，可能表示物体上投影有积聚性的一个面［图 4.59（a）中标记"△"的线］；也可能表示两个面的交线［图 4.59（a）中标记"×"的线］；还可能表示曲面的外形轮廓线［图 4.59（a）中有标记"○"的线］。

（2）视图上的一个封闭线框，一般情况下表示一个面（平面或曲面）；也可能表示一个孔［如图 4.59（a）俯视图中的最小圆］；或代表一个立体的投影［如图 4.59（b）的正视图］。

（3）当物体由平面组成时，相邻两个线框表示两个不同的平面，或有平、斜之分，或有高低、前后、左右之分，如图 4.59（b）所示。

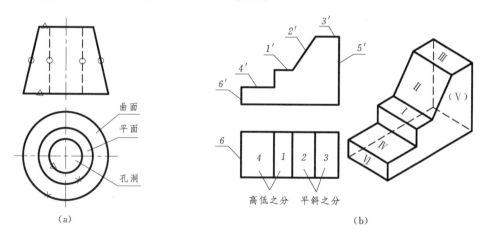

图 4.59　视图中线条、线框的含义

4.4.2　看图基本方法

看图时一般采用形体分析法，或综合运用形体分析法和线面分析法。

1. 形体分析法

形体分析法就是对已知的视图，从特征明显的视图着手，把形体划分成几个部分，找出各部分的投影，并想像出其空间形状；再根据各部分的相对位置，表面间的相互关系，综合起来想像出组合体的整体形状。

其步骤如下。

（1）概括了解，将形体划分成几个部分。

（2）找出每一部分的对应投影，想像出各部分的形状及表面间的关系。

（3）综合整理，想像出组合体的整体形状。

【例 4.21】　根据图 4.60（a）所给视图，想像出物体的形状。

分析：先大致了解各视图，按照视图间的投影规律，从形状特征明显的正视图、左视图可以看出，此物体可分成底板、两块支撑板、中间一块筋板三部分共四块形体组成。然后找出每部分的投影，并想像出它的空间形状，如图 4.60（b）、（c）所示。

从图 4.60（a）可看出它们的相对位置：两支撑板立于底板之上，且前后对称，筋板位于两支撑板之间。各部分综合起来即可想像出整个物体的形状，如图 4.60（d）所示。

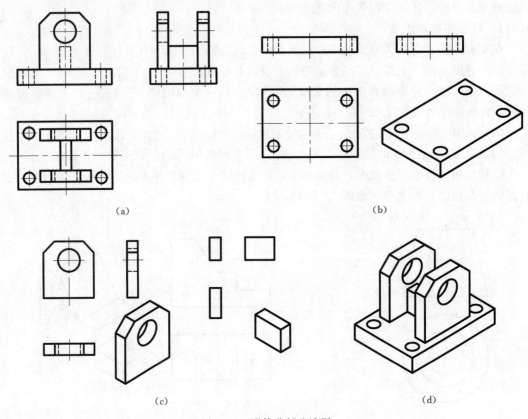

图 4.60　形体分析法读图

【例 4.22】 根据图 4.61（a）所给视图想像出物体的形状。

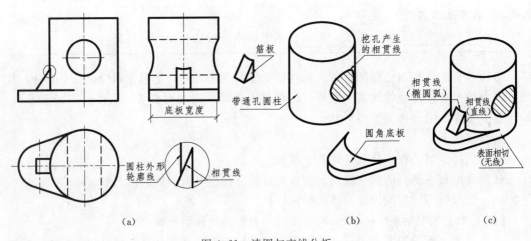

图 4.61　读图与交线分析

分析： 先大致了解各视图，从形状特征明显的正视图看出，此物体由一个被挖通孔的圆柱、一块圆角底板、一块小筋板三部分组成。再找出每部分的投影，并想像出各部分的空间形状，如图 4.61（b）所示。然后分析各表面之间的相对位置及交线、切线的位置。各部分综合起来即可想像出如图 4.61（c）所示整个物体的形状。须注意本例左视图中圆角底板宽度小于圆柱直径。

2. 线面分析法

在看图过程中，一般以形体分析法为主，但当物体带有斜面，或某些细节运用形体分析法不易看懂时，可以采用线面分析法。线面分析法就是运用线、面投影规律及特点，找出视图上线条、线框的对应投影，确定其空间位置；然后综合起来想像出组合体的整体形状。

其步骤如下。

（1）概括了解，分析物体的大致形状。

（2）分线框，找出它们在各视图中的对应投影，分析各表面的性质、形状、空间位置及各线框的关系。

（3）综合整理，想像出线框所围的物体的整体形状。

【例 4.23】 读懂图 4.62（a）所示挡土墙的视图。

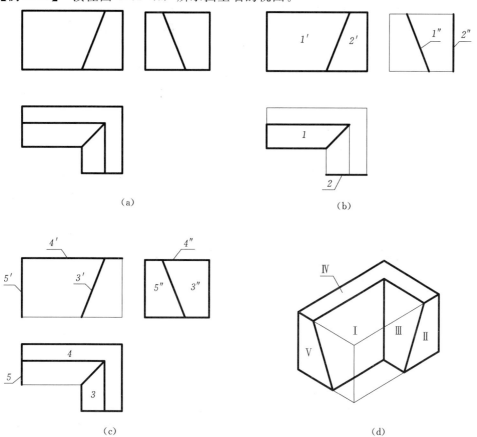

图 4.62 线面分析法读图

分析：由已知三视图可以看出，此挡土墙的大致形状是左前方被挖去一块的长方体。

如图 4.62（b）所示的正视图上有线框 1′、2′，线框 1′对应着俯视图上的梯形线框 1 及左视图上的斜线 1″，可知Ⅰ面是一侧垂面。线框 2′对应着俯视图上的平行于 X 轴的直线 2 及左视图上的平行于 Z 轴的直线 2″，可知Ⅱ面是一个正平面。

图 4.62（c）中，俯视图上线框 3 对应着正视图上的斜线 3′与左视图上的类似图形 3″，可知Ⅲ面是一正垂面。用同样方法可分析出Ⅳ面是物体顶上的水平面、Ⅴ面是物体左侧的侧平面，其他各面都是投影面平行面。

由此可知，该挡土墙可看成是一长方体左前方被一侧垂面Ⅰ、正垂面Ⅲ切去一块而成。切割后的空间形状如图 4.62（d）所示。该挡土墙按形体分析方法也可看成是由一个长方体在左前方切去一个四棱台形成。

3. 综合运用形体分析法和线面分析法读图

综合运用形体分析法和线面分析法读图的过程，可概括为以下三点。

（1）对投影、划部分（线框）。

（2）看线框、对投影。

（3）合起来、想整体。

【例 4.24】 根据图 4.63（a）想像出所示物体的形状。

分析：这是一个闸墩结构视图，从正视图、左视图可以看出，此闸墩由四部分组成：下部是底板，上部是墩身，墩身两侧各突出一个形体，工程上称为牛腿。牛腿带有斜面，投影较复杂，需作线面分析。现将前面牛腿的投影放大画出，如图 4.63（b）所示。

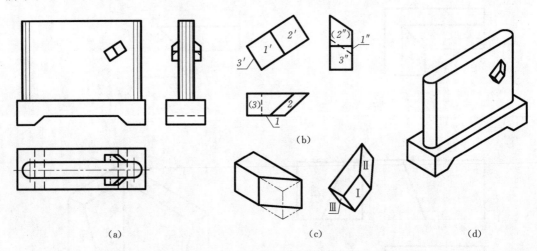

图 4.63 综合分析读图

如图 4.63（b）所示正视图上有两个矩形线框。线框 1′在俯视图及左视图上没有对应的类似图形，它对应着俯视图上一条平行于 X 轴的直线及左视图上一条平行于 Z 轴的直线，可知Ⅰ面是个正平面，在最前面。线框 2′在俯视图及左视图上都有唯一对应的类似图形——平行四边形，可以肯定Ⅱ面是一般位置面，在右上方。左视图中矩形线框 3″对应着正视图上一斜线及俯视图上不可见的矩形，可以判断Ⅲ面是一正垂面，在左下方。用同样的方法可分析出牛腿的上、下两面都是正垂面，形状是直角梯形。综合以上分析，得知牛腿是一斜放的梯形棱柱，如图 4.63（c）所示。整个闸墩的形状如图 4.63（d）所示。

【**例 4.25**】 想像出图 4.64（a）所示挡土墙的形状。

分析：根据投影关系，从左视图着手，可以把该形体分为上、下两大部分。下面部分是一块底板，它的三个投影及空间形状如图 4.64（b）所示。

从正视图和左视图可以看出，上面部分又可以分为前、后两部分，后面部分是一块直墙，它的三个投影、空间形状及底板的关系如图 4.64（c）所示。

剩下前面一块的三视图，如图 4.64（d）所示。它的形状一时不易看出，可以进行线面分析。

图 4.64（d）所示的正视图上有一个三角形线框 1′，俯视图和左视图上也各有一个三角形线 1 和 1″与它相对应，可以肯定它是一般位置平面的投影；同样可分析判断此形体的后面、底面和右侧面正平面、水平面和侧平面，该形体的空间形状是一直角三棱锥，如图 4.64（e）所示。

把图 4.64（e）放在图 4.64（c）的前面，便得到整个物体的空间形状，如图 4.64（f）所示。

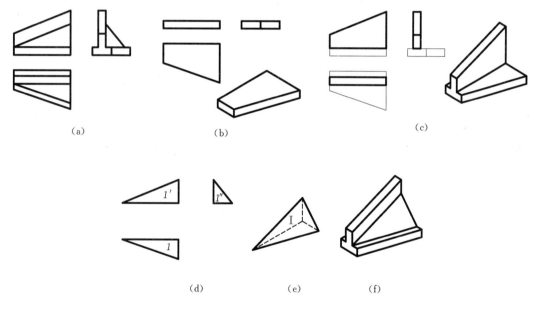

（a）　　　　　　　　　（b）　　　　　　　　　（c）

（d）　　　　　（e）　　　　（f）

图 4.64　挡土墙读图

4. 根据两视图补画第三视图（常称为"二补三"）

为培养看图能力，常采用"二补三"的方法作为看图练习。

【**例 4.26**】 补画图 4.65（a）所示形体的左视图。

解：作图方法和步骤如图 4.65 所示。在处理虚、实线时应注意，直墙因被翼墙挡住，其两侧的实线变成虚线。

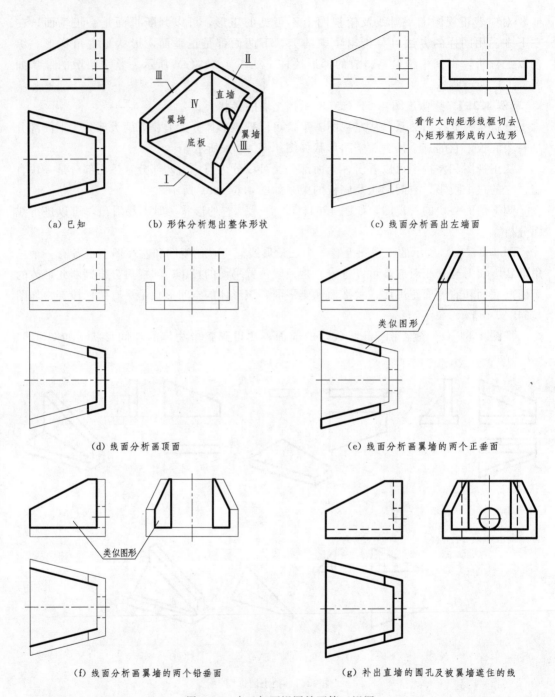

（a）已知　　（b）形体分析想出整体形状　　（c）线面分析画出左端面

看作大的矩形线框切去小矩形框形成的八边形

（d）线面分析画顶面　　（e）线面分析画翼墙的两个正垂面

类似图形

（f）线面分析画翼墙的两个铅垂面　　（g）补出直墙的圆孔及被翼墙遮住的线

类似图形

图 4.65　由已知两视图补画第三视图

【例 4.27】　补画图 4.66（a）所示形体的左视图。

解：作图方法和步骤如图 4.66 所示。

根据两视图补画第三视图时，应先分析看懂已知两视图所表达物体的空间形状，可以逐个补画各简单形体的第三视图，再处理表面交线及各线段的起止并区分虚、实线，见

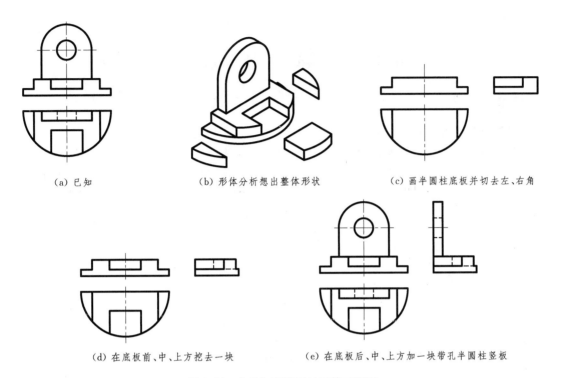

(a) 已知　　　　　　(b) 形体分析想出整体形状　　　　　(c) 画半圆柱底板并切去左、右角

(d) 在底板前、中、上方挖去一块　　　　　(e) 在底板后、中、上方加一块带孔半圆柱竖板

图 4.66　由已知两视图补画第三视图

[例 4.27]；也可以在形体分析的基础上，运用线面分析的方法，从可见表面画起，直至完成全图。[例 4.26] 所采用的就是后一种作法，补图时应特别注意线框所对应的类似图形。

当两视图所表达的形体形状不确定（不定形）时，则第三视图会有多个解答。

第5章 轴 测 投 影

　　轴测投影是将形体连同其直角坐标系，沿不平行于任一坐标面的方向，用平行投影法将其投射在单一投影面上所得到的图形。它能在一个视图上反映形体长、宽、高三个方向的尺度，形象生动、富有立体感；但形体表面投影通常不反映实形，并且作图较麻烦，常作为工程设计施工的辅助图样。

5.1 基 本 概 念

5.1.1 轴测图的形成

　　画多面正投影视图时，通常使物体的坐标面平行或垂直于一个投影面，而投射方向始终与投影面垂直，因此根据投影特性，每个视图只能反映长、宽、高中两个向度 ［图 5.1 (a)］或只能反映物体的两个坐标面 ［图 5.1 (b)］，视图缺乏立体感。若使投射方向与形体三个坐标面都倾斜，则一个视图就能反映形体的三个向度，因此所画视图就会具有立体感 ［图 5.1 (c)］，这种单面投影就是轴测图。

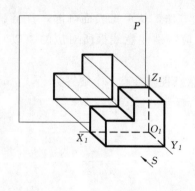 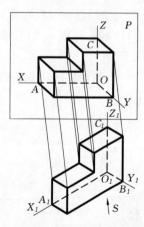

(a) $X_1O_1Z_1$ 面平行于 P　　　　(b) $X_1O_1Y_1$ 面垂直于 P　　　　(c) 投射方向倾斜于三个坐标面

图 5.1　轴测图原理

5.1.2 轴测图的基本特性

　　轴测图是由平行投影得到的，因此它具有如下基本特性。

　　(1) 平行性——形体上两平行线段，在轴测图中仍平行。

　　(2) 定比性——形体上平行于同一坐标轴的线段，轴测投影长度与相应的实长的比值相等。

（3）从属性——形体棱线或表面上的点和线段在轴测图中仍在该线或该表面上。

（4）实形性——形体上平行于投影面的表面在轴测图中反映实形。

5.1.3 轴间角和轴向伸缩系数

如图 5.1（c）所示，在轴测投影中，投影面 P 称为轴测投影面；物体上的直角坐标轴 O_1X_1、O_1Y_1、O_1Z_1 的轴测投影 OX，OY，OZ 称为轴测投影轴，简称轴测轴；轴测轴之间的夹角 $\angle XOY$、$\angle YOZ$、$\angle ZOX$ 称为轴间角；轴测轴轴向线段的单位长度与相应直角坐标轴轴向单位长度的比值称为轴向伸缩系数。

OX 轴向伸缩系数 $p = OA/O_1A_1$。

OY 轴向伸缩系数 $q = OB/O_1B_1$。

OZ 轴向伸缩系数 $r = OC/O_1C_1$。

5.2 常用的轴测图

根据投射方向垂直投影面与否，轴测图可分为正轴测图和斜轴测图。根据三个轴向伸缩系数的不同，轴测图又可分以下三类。

（1）正（斜）等轴测图——三个轴向伸缩系数都相等，即 $p = q = r$。

（2）正（斜）二轴测图——三个轴向伸缩系数中有两个相等，常见的为 $p = r \neq q$。

（3）正（斜）三轴测图——三个轴向伸缩系数都不相等，即 $p \neq q \neq r$。

正等轴测图和斜二轴测图作图较简便，立体感强，是工程中最常用的两种轴测图。

5.2.1 正等轴测图

1. 正轴测图的形成

如图 5.2 所示，设平面 P 为轴测投影，投射时使投射方向垂直于投影面 P，并使形体的三个坐标面都倾斜于投影面 P，投射得到的就是正轴测图。

2. 正等轴测图的轴间角与轴向伸缩系数

依据立体几何的知识，可以推导出正等轴测的三个轴间角均为 $120°$，轴向伸缩系数 $p = q = r = 0.82$，为使作图方便，取简化轴向伸缩系数 $p = q = r = 1$。绘图时通常取 OZ 轴为铅垂方向，OX 轴、OY 轴与水平线成 $30°$ 角，如图 5.3 所示。

5.2.2 斜二轴测图

1. 斜轴测图的形成

如图 5.4 所示，设平面 P 为轴测投影，投射时使投射方向倾斜于投影面 P，并使形体的一个坐标面平行于投影面 P，投射得到的就是斜轴测图。

2. 斜二轴测图的轴间角与轴向伸缩系数

在斜二轴测图中，通常使 $X_1O_1Z_1$ 所在坐标面平行于轴测投影面，因此 $p = r = 1$，轴间角 $\angle XOZ = 90°$。Y 轴的轴向伸缩系数与各轴间角之间没有关联，仅与投射方向有关，为使作图方便，习惯上取 $q = 0.5$。绘图时通常取 OZ 轴为铅垂方向，OX 轴水平，OY 轴与 OX 轴成 $45°$ 夹角，如图 5.5 所示。

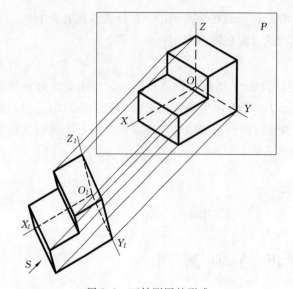

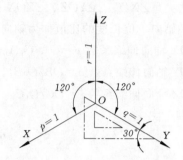

图 5.2　正轴测图的形成

图 5.3　正等测的轴间角和轴向伸缩系数

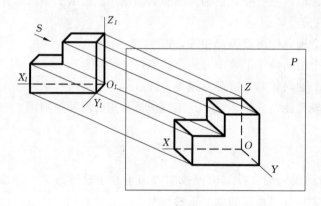

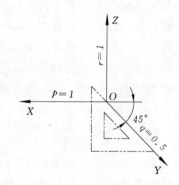

图 5.4　斜轴测图的形成

图 5.5　斜二测的轴间角和
轴向伸缩系数

5.3　轴 测 图 的 画 法

　　轴测图的作图方法和步骤与轴测图类型无关，尽管各种轴测图的轴间角及轴向伸缩系数各不相同，但它们的基本画法相同。须注意的是，画图时应沿轴向度量，其他方向尺寸不可直接度量。下面介绍几种常用的画法。

5.3.1　坐标法

　　根据形体上各顶点的坐标，沿轴向度量，先画出各顶点的轴测投影，再依次连接，得到形体的轴测图，这种方法称为坐标法。它是画轴测图最基本的方法，也是其他画法的基础。

　　【例 5.1】　画出图 5.6（a）所示三棱锥的正等轴测图。

　　解：在图 5.6（a）中，引入直角坐标系 $O_1 - X_1 Y_1 Z_1$，从而确定三棱锥各顶点的坐标。为作图方便起见，使 $X_1 O_1 Y_1$ 面与锥底面重合，X_1 轴通过点 B，Y_1 轴通过点 C。

作图步骤如图 5.6（b）、（c）所示。轴测图中虚线一般不画，只在必要时才画虚线增强轴测图的立体感。

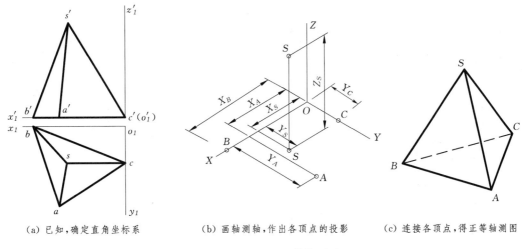

（a）已知，确定直角坐标系　　　（b）画轴测轴，作出各顶点的投影　　　（c）连接各顶点，得正等轴测图

图 5.6　坐标法画正等轴测图

5.3.2　端面法

对于柱类物体，通常先画出能反映柱体特征的一个可见端面，然后画出可见棱线和另一端面，完成物体的轴测图。此法亦适用于画棱台类形体。

【例 5.2】　画出图 5.7（a）所示六棱柱的正等轴测图。

解： 六棱柱前后、左右对称，选用顶面中心点 O 为坐标原点，作图较简便。

作图步骤如图 5.7（b）～（d）所示。须注意：①顶面的六条边中，只有平行于 X 轴的两条边可以直接量取长度，其他四条边不与坐标轴平行，必须先确定每条边的端点才能画出；②上、下底面的相应边互相平行。

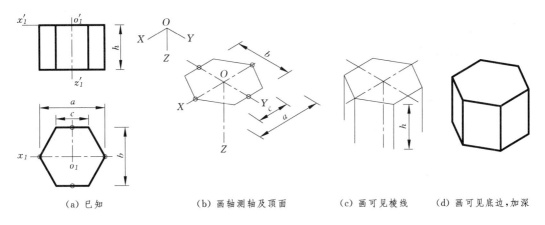

（a）已知　　　（b）画轴测轴及顶面　　　（c）画可见棱线　　　（d）画可见底边，加深

图 5.7　端面法画正等轴测图

【例 5.3】　画出图 5.8（a）所示四棱台的斜二轴测图。

解： 本题宜选下底面中心点 O 为坐标原点。

作图步骤如图 5.8（b）、（c）所示。

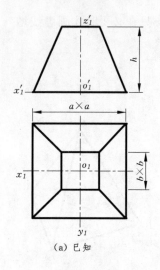

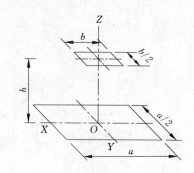

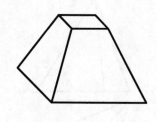

（a）已知　　　　　（b）画轴测轴及上、下底面　　　（c）连接相应顶点，将可见轮廓线加深

图 5.8　端面法画斜二轴测图

5.3.3　切割法

对于由基本体切割而成的形体，可先画出基本体，再依次进行切割，得到该形体的轴测图。

【例 5.4】　画出图 5.9（a）所示形体的正等轴测图。

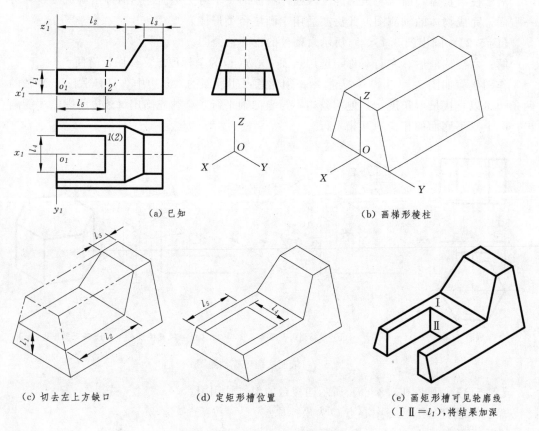

（c）切去左上方缺口　　　（d）定矩形槽位置　　　（e）画矩形槽可见轮廓线
　　　　　　　　　　　　　　　　　　　　　　　　　　（ⅠⅡ$=l_1$），将结果加深

图 5.9　切割法画正等轴测图

解：该形体可看成是一横置梯形棱柱，左上方开一缺口，再挖去一矩形槽而成。

作图步骤如图 5.9（b）～（e）所示。注意不要遗漏切割后的可见轮廓线，并要将多余的线擦去。

5.3.4 叠加法

对于由基本体叠加而成的组合体，可按先大后小的顺序将各基本体逐个画出，最后完成整个形体的轴测图。画图时注意各基本体间的相对位置关系。

【例 5.5】 画出图 5.10（a）所示挡土墙的斜二轴测图。

分析：该挡土墙可看作一个 L 形柱和一块三角形肋板组合而成，可先画 L 形柱，再按肋板所在位置画出肋板。投射方向是由物体的左、上、前方向右、下、后方投射。

作图步骤如图 5.10（b）～（d）所示。

比较图 5.10（d）与图 5.10（e），图 5.10（e）的投射方向由右、前、上方向左、后、下方，此时所叠加的三角块特征和位置表达不清。因此，画轴测图时，一定要注意投射方向的选取。

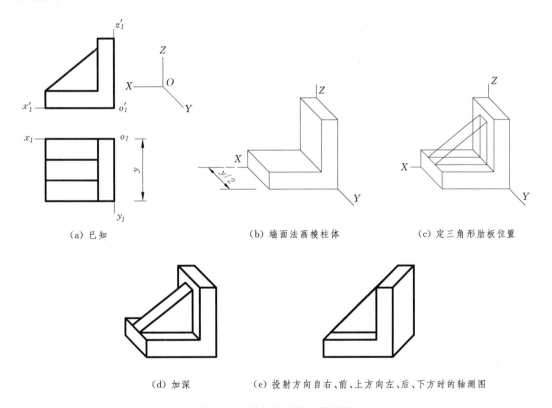

（a）已知   （b）端面法画棱柱体   （c）定三角形肋板位置

（d）加深   （e）投射方向自右、前、上方向左、后、下方时的轴测图

图 5.10 叠加法画斜二轴测图

5.3.5 轴测图的选择

绘制轴测图应达到形体表达清楚和立体感好的效果，而影响轴测图效果的主要因素，除投射方向［图 5.10（d）、（e）］外，还有轴测图的类型。图 5.11 为不同轴测图类型对立体感效果的影响，图 5.11（c）优于图 5.11（b）。

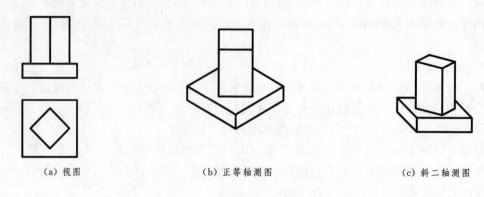

(a) 视图　　　　　　　　　(b) 正等轴测图　　　　　　　(c) 斜二轴测图

图 5.11　轴测类型影响轴测图效果

5.4　与坐标面平行的圆的轴测投影

5.4.1　与坐标面平行的圆

正等轴测图，因形体的三个坐标面都倾斜于轴测投影面，坐标面及其平行面上的圆的投影都是椭圆。

斜二轴测图，常以 $X_1O_1Z_1$ 面平行于轴测投影面，故平行于 $X_1O_1Z_1$ 面的圆投影反映实形，仍为圆；平行于 $X_1O_1Y_1$ 面及 $Y_1O_1Z_1$ 面的圆投影为椭圆。

两种轴测图坐标面及其平行面上的圆的轴测投影如图 5.12 所示。

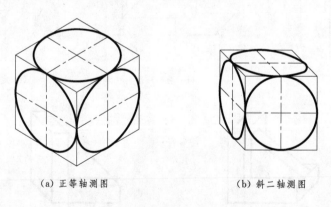

(a) 正等轴测图　　　　　　　　　　(b) 斜二轴测图

图 5.12　坐标面平行圆的轴测图

5.4.2　椭圆的画法

椭圆的画法有多种，在此仅介绍常用的两种。

1. 平行弦法

如图 5.13 所示，设 $X_1O_1Y_1$ 面上的圆，沿着 O_1Y_1 轴方向将圆的直径作 n 等分，过各等分点作平行于 O_1X_1 轴的弦，定出弦上各端点。画轴测轴，作出沿轴向平行弦的轴测投影，用光滑的曲线连接各弦的端点，即可作出椭圆。此法适用于各种轴测投影。

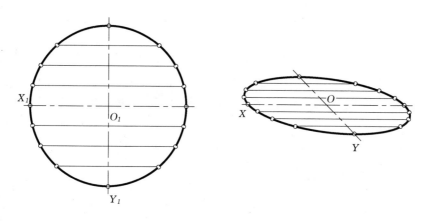

图 5.13 平行弦法画椭圆

2. 菱形法

菱形法（也称为四圆心法）是椭圆的一种近似画法，用四段圆弧拼接起来近似地代替椭圆，此法只适用于正等轴测图。作图方法如图 5.14 所示。

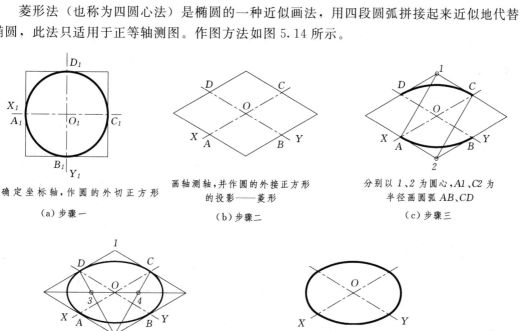

确定坐标轴，作圆的外切正方形

（a）步骤一

画轴测轴，并作圆的外接正方形的投影——菱形

（b）步骤二

分别以 1、2 为圆心，A1、C2 为半径画圆弧 AB、CD

（c）步骤三

连接菱形长对角线，与 D2、C2 的交点为 3、4，以3、4 为圆心，3D、4B 为半径画圆弧 AD、CB

（d）步骤四

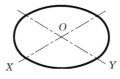

作出近似椭圆

（e）步骤五

图 5.14 菱形法画椭圆

5.4.3 应用举例

【例 5.6】 画出图 5.15（a）所示带缺口圆柱的正等轴测图。

分析：可用菱形法画完整的圆柱，再根据所给位置开缺口。

作图步骤如图 5.15（b）～（d）所示。

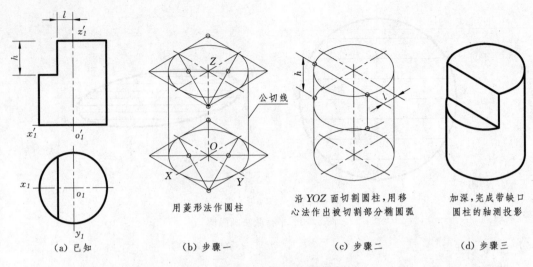

| (a) 已知 | (b) 步骤一 | (c) 步骤二 | (d) 步骤三 |

图 5.15 带缺口圆柱的正等轴测图

用菱形法作圆柱

沿 *YOZ* 面切割圆柱，用移心法作出被切割部分椭圆弧

加深，完成带缺口圆柱的轴测投影

【例 5.7】 画出图 5.16（a）所示形体的轴测图。

分析：当形体某个面上圆及圆弧较多或形状较复杂时，宜选用斜二轴测图。

作图步骤如图 5.16（b）～（d）所示。

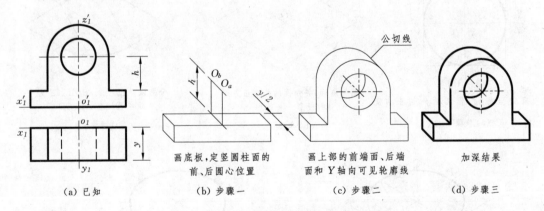

| (a) 已知 | (b) 步骤一 | (c) 步骤二 | (d) 步骤三 |

画底板，定竖圆柱面的前、后圆心位置

画上部的前端面、后端面和 *Y* 轴向可见轮廓线

加深结果

图 5.16 端面带圆物体的斜二轴测图

第6章　工程形体的表达方法

工程建筑物形式多样、结构复杂、形状多变，绘制工程图样时，在完整、清晰表达各部分形状的前提下还应力求制图简便。为此，制图标准规定了多种表达方法。本章根据《技术制图 图样画法》（GB/T 17451～17452—1998）和《水利水电工程制图标准 基础制图》（SL 73.1—2013）及相关制图标准，介绍视图、剖视图、断面图及各种画法的概念和规定，以扩展表达物体的思路，提高绘制和阅读图样的能力。

6.1　视　　图

由建筑物或构件向投影面投射所得到的图形称为视图，视图有基本视图、局部视图、斜视图等。

6.1.1　基本视图

在原三投影面（V、H、W）体系的三个投影面对面各增加一个与之平行的投影面，形成一个六面体。用该六面体的六个面作为基本投影面，将物体置于其中，除在 V、H、W 面上的正视图（也称主视图）、俯视图和左视图外，从右向左投射得到右视图；从下向上投射得到仰视图；从后向前投射得到后视图，这六个视图称为基本视图。六个投影面的展开方法如图 6.1 所示，展开后的视图如图 6.2 所示，这六个视图仍

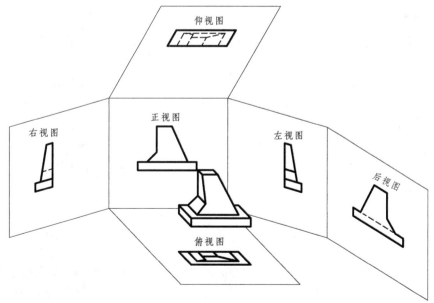

图 6.1　基本视图的形成

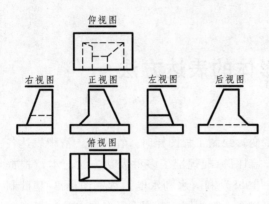

图 6.2　基本视图的配置

符合"长对正、高平齐、宽相等"的投影规律。

在实际工作中，当在同一张图纸上绘制同一个物体的若干个视图时，为了合理地利用图纸，可将各视图的位置按图 6.3 进行自由配置，称为向视图。如图 6.3（a）所示向视配置方式一在向视图的上方标出大写拉丁字母，在相应视图的附近用箭头指明投射方向，并标注同样的字母；如图 6.3（b）所示向视配置方式二在向视图的上方直接标注图名，水利、土木行业多用这种表达方式。

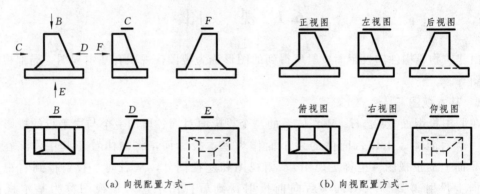

（a）向视配置方式一　　　　　　　　（b）向视配置方式二

图 6.3　基本视图的向视配置

6.1.2　局部视图

将物体的某一部分向基本投影面投射得到的视图称为局部视图。

如图 6.4 所示形体，其形状的大部分已有正视图和俯视图表达清楚，只有箭头所指的局部还没有表示，此时可不必画出整个物体的左视图或右视图，而只需采用局部视图画出没有表示清楚的那一部分。

局部视图一般按投影关系配置，必要时可按向视图的形式配置，如图 6.4 中的视图 B。

6.1.3　斜视图

如图 6.5 所示，为了表示物体上倾斜部分的真实形状，可以将它投射到与该表面平行的投影面上，画出其视图。这种将物体向不平行于基本投影面的平面投射所得的视图称为斜视图。

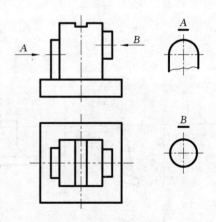

图 6.4　局部视图

斜视图通常以向视图的形式进行标注及配置，如图 6.5（a）所示。必要时，允许将斜视图旋转配置，以圆弧箭头表示旋转方向、以大写拉丁字母表示该视图名称并注写在靠近旋转符号的箭头端，如图 6.5（b）所示，也允许将旋转角度注写在字母后，如图 6.5（c）所示。

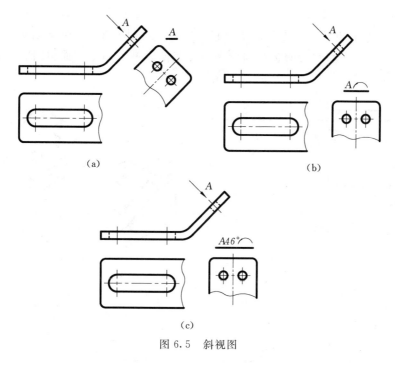

(a)

(b)

(c)

图 6.5 斜视图

6.2 剖视图和断面图

6.2.1 基本概念

画物体的视图时，看不见的轮廓线画成虚线。当内部结构复杂时，或遮挡部分较多时，视图上的虚线就很多。如图 6.6 是简化的水闸闸室的一组视图，它们虽然也能完整表达闸室内、外形，但由于内部结构是用虚线表示的，空实、层次都不够分明，使看图和标注尺寸都增加了困难。而且，工程图上常常需要表示结构的断面形状及其所用材料。为此，制图标准提供了剖视、断面的表达方法。

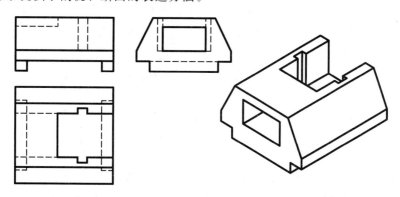

图 6.6 水闸闸室的视图

1. 剖视图和断面图的基本概念

图 6.7（a）是台阶的一组视图，左视图中的"踏步"是用虚线表示的。为了更清晰地表示台阶踏步的轮廓，如图 6.7（b）所示，假想用一个平行于 W 面的剖切平面 P 将台阶"切开"，并把剖切平面 P 左边的部分移除，然后对剩下部分从左向右进行投射画出视图，并将剖切平面 P 与台阶的接触部分（称为剖面区域）画上剖面材料符号，所得的视图就是剖视图，如图 6.7（c）中的 1－1 剖视图。

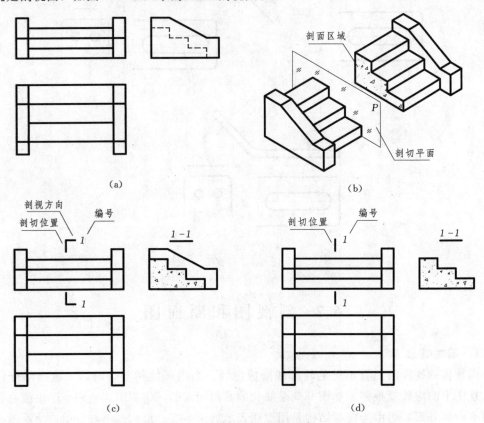

图 6.7　剖视图和断面图的形成

如果假想将物体的某处"切开"，仅画出该剖切面与物体接触部分的图形，则称为断面图，如图 6.7（d）所示。画断面图时，也应在剖面区域画上剖面材料符号，以便区分空心与实心部分，从而使图形表达完整、层次分明、便于阅读。

剖视图与断面图的主要区别是：剖视图是物体被剖切之后剩余部分的投影，是体的投影。断面图是物体被剖切之后剖面区域的投影，是面的投影。

2. 剖视图和断面图的标注

用剖视图、断面图配合其他视图表达物体时，为了明确视图之间的投影关系，便于看图，对所画的剖视图和断面图一般应加以标注，注明剖切位置、投射方向和视图名称，如图 6.7（c）和（d）所示。

（1）剖切符号（包括剖切位置线和剖视方向线）。

1）剖切位置：剖视图可按图 6.8 所示单个剖切面或多个剖切面进行剖切，用剖切位置线表示剖切面的起讫和转折位置，剖切位置线宜为5～10mm的粗实线，不应与图面上的图线接触。断面图一般仅有单个剖切面，剖切位置线画法与剖视图单个剖切面相同。

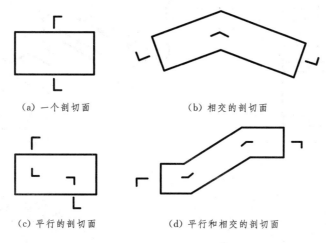

（a）一个剖切面　　　　　　　　　（b）相交的剖切面

（c）平行的剖切面　　　　　　　（d）平行和相交的剖切面

图6.8　剖视图剖切面类型及剖切位置线

2）投射方向：剖视图的投射方向用粗实线表达（称为剖视方向线），长度宜为4～6mm，不应与图面上的图线接触，如图6.7（c）所示；断面图编号所在的一侧应为该断面剖切后的投射方向，一般不需再作标注，如图6.7（d）所示。

（2）剖切符号编号及视图名称。

1）剖切符号的编号：宜采用阿拉伯数字或拉丁字母，按顺序由左至右，由下至上连续编号，并应注写在剖视方向线的端部，如图6.7（c）所示；断面图应注写在剖切位置线一侧，如图6.7（d）所示。转折的剖切位置线在转折处可不标注字母或数字，但在转折处与其他图线发生混淆时，应在转角的外侧加注相同的字母或数字。

2）视图名称：在与剖切面对应的剖视图或断面图上方注写相同的两个字母或数字，中间加一横线（×-×），如图6.7（c）和（d）所示。

3. 画剖视图和断面图的注意事项

（1）剖视图和断面图都是物体被假想"切开"后所画的图形，物体并未真的被切开和移走一部分，所以画剖视图和断面图后，其余视图仍应画出完整的图形，如图6.7（c）和（d）所示。

（2）为了在剖视图上表达物体内部结构的真实形状，一般应使剖切平面平行于基本投影面，并通过物体内部结构的主要轴线或对称平面，必要时也可用投影面垂直面或柱面作剖切面。

（3）画剖视图时，剖切之后物体上未剖到的可见轮廓线均应画出。

（4）用剖视图配合其他视图表示物体时，图上的虚线一般可省略不画，如图6.9的左视图所示。但当省略虚线将影响视图完整表达时，则此虚线仍应画出，如图6.9的俯视图所示。

（5）在剖面区域画剖面符号时，应注意同一张图纸上，同一物体的所有剖视图中的剖面符号必须一致，且各视图中的45°斜线应方向一致、间距相同，如图6.10所示。

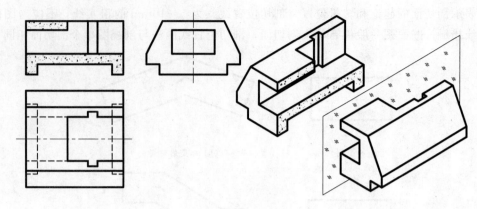

图 6.9　全剖视图

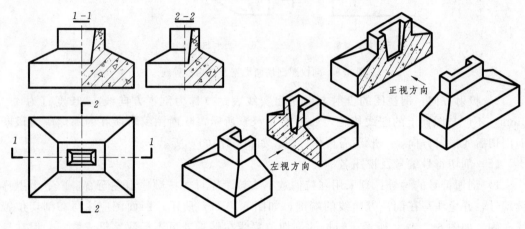

图 6.10　半剖视图

6.2.2　剖视图

剖视图分为全剖视图、半剖视图和局部剖视图。因剖切面的个数与形式不同又有阶梯剖视图、旋转剖视图和斜剖视图等。

1. 全剖视图

用剖切面完全地剖开物体所得到的剖视图称为全剖视图，如图 6.9 所示。

全剖视图一般适用于外形简单、内部结构比较复杂的物体，或主要为了表示物体内部结构时采用。

全剖视图一般需标注，但若剖切平面通过物体的对称面，剖视图按投影关系配置，中间没有其他视图隔开时，可以不标注，如图 6.9 所示。

2. 半剖视图

当物体具有对称平面时，向垂直于对称平面的投影面上投射时，可以对称中心线为界，一半画成剖视图，另一半画成视图，这种组合而成的视图称为半剖视图。

半剖视图一般用于内、外形状均复杂，又具有对称平面的物体。

由于半剖视图的剖切方法同全剖视图，所以半剖视图的标注与全剖视图相同。

图 6.10 为一钢筋混凝土基础，因左右和前后均对称，其正视图和左视图均可采用半

剖视图表示，使其内、外形状均能表达清楚。

画半剖视图时应注意以下两点。

（1）半剖视图中外形视图和剖视图的分界线是点画线，不应画成粗实线，并且习惯上把剖视图画在对称线的右边或下边。

（2）由于半剖视图表达的是对称结构物，所以对已表达清楚的内、外轮廓，在其另一半视图中就不应再画虚线（即与粗实线对称的虚线不画）。

3. 局部剖视图

当只要表示物体局部的内部结构时，可仅"切开"物体的一部分，画出其剖视图，其余部分仍画外形视图，这种剖视图称为局部剖视图。

局部剖视图的标注与全剖视图的标注相同，剖切位置明确时不必标注。

图 6.11 是一混凝土水管，为了表示其内部形状，正视图采用了局部剖视，在被"切开"部分画出管子的内部结构和剖面材料符号，其余部分仍画外形视图。

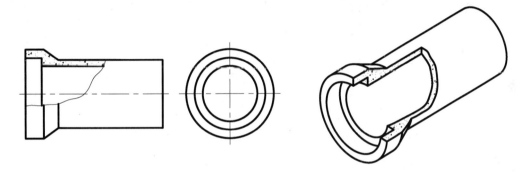

图 6.11　局部剖视图

局部剖视图的剖切范围用波浪线表示。波浪线不应和其他图线重合；不应画在轮廓线的延长线上；不应超出视图的轮廓线；也不应画在孔、洞处。图 8.12 是局部剖视图中波浪线的画法示例。

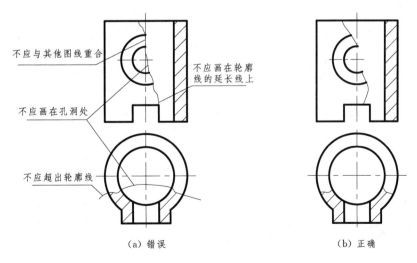

不应与其他图线重合

不应画在轮廓线的延长线上

不应画在孔洞处

不应超出轮廓线

（a）错误　　　　　　　　（b）正确

图 6.12　局部剖视图中波浪线的画法示例

4. 阶梯剖视图

用几个互相平行的剖切平面剖切物体所得到的剖视图称为阶梯剖视图。如图 6.13 所示的物体，其内部结构的轴线不在同一正平面内，为了表达其内部结构的真实形状，正视图采用了阶梯剖视图。

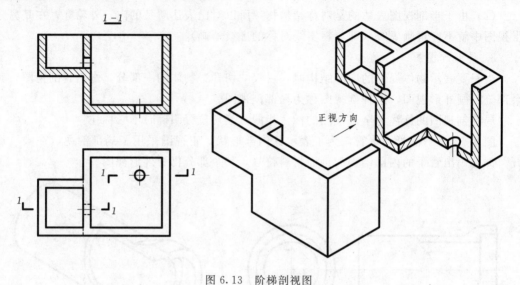

图 6.13　阶梯剖视图

由于剖切面是假想的，所以在剖视图上，剖切平面的转折处不应画线。

5. 旋转剖视图

用两个相交的剖切面（交线为投影面垂直线）"剖开"物体，并将与投影面不平行的剖切平面剖到的结构要素及其有关部分旋转到与选定的投影面平行，然后进行投射，所得的剖视图称为旋转剖视图。如图 6.14 所示的集水井，两根进水管的轴线是斜交的（一根平行于正面；另一根倾斜于正面），为了表达集水井和进水管的内部结构，用了两个相交

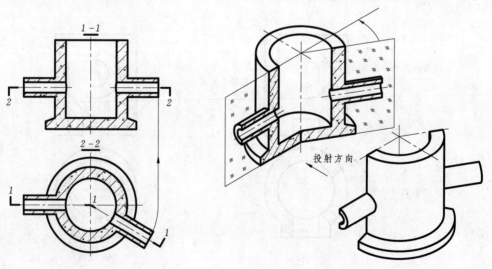

图 6.14　旋转剖视图

的剖切平面，沿着两根进水管的轴线把集水井"剖开"，并假想将与正面倾斜的水管旋转到与正面平行后再投射。

6. 斜剖视图

将物体上与投影面倾斜的结构，用投影面垂直面作剖切平面"剖开"物体，并投射到与剖切平面平行的辅助投影面上，所得到的剖视图称为斜剖视图。如图 6.15 是一个斜倚在山坡上的卧管，为了表达卧管及放水口的真实形状，采用了正垂面 1-1 作剖切平面将卧管剖切后进行投射。斜剖视图应标注。斜剖视图可按投影关系配置，也可将斜剖视图旋转配置。

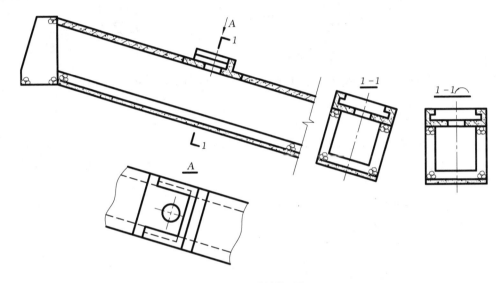

图 6.15　斜剖视图

6.2.3 断面图

断面图主要用来表示物体的断面形状。根据断面图的配置位置不同，分为移出断面图和重合断面图两种。

1. 移出断面图

画在相关视图轮廓线之外的断面图称为移出断面图，如图 6.16 所示。移出断面图轮廓线用粗实线绘制，配置在剖切线的延长线上、视图的中断处或其他适当位置。

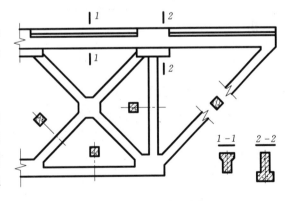

图 6.16　移出断面图

画移出断面图时，根据需要允许把断面图形旋转配置。图 6.17 为翼墙的平面图和断面图，为了表示翼墙的正常工作位置，画 1-1 断面图时，可按水工图的习惯把底面画成水平位置而不注旋转符号。

画移出断面图应注意以下两点：

(1) 当断面图画在剖切线的延长线上，而断面图又对称时，只需用剖切线（细点画线）表示剖切位置，不进行其他标注，如图 6.16 所示；如果断面图不对称时，需画出剖切位置线，并在其两端绘制粗实线表示投射方向，如图 6.18 所示。

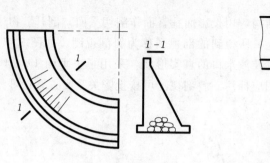 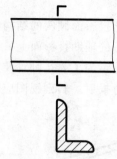

图 6.17　翼墙及其移出断面图　　　　图 6.18　不对称移出断面图

（2）当移出断面图画在视图轮廓线的中断处，且图形对称时，不标注，如图 6.16 中斜杆的断面图。

2. 重合断面图

画在相关视图轮廓线之内的断面图称为重合断面图，如图 6.19 所示。重合断面图轮廓线用细实线绘制，当重合断面图的轮廓线与视图的轮廓线重合时，视图的轮廓线不可间断。

重合断面图对称时，不需标注，如图 6.19（a）所示。重合断面图不对称时，应画出剖切位置线和投射方向线，如图 6.19（b）所示。

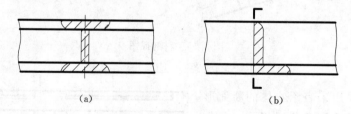

（a）　　　　　　　　　　　　　　（b）

图 6.19　重合断面图

6.2.4　剖视图和断面图的尺寸标注

在剖视图上标注尺寸的方法和规则与组合体的尺寸标注相同。为了使尺寸清晰，应尽量把外形结构尺寸和内形结构尺寸分开标注，不要混在一起。

如图 6.20（a）所示，长度方向的尺寸 60、40、450 为外形尺寸，标注在外形视图一边；尺寸 50 为内形尺寸，标注在剖视一边。又如图 6.20（b）所示，外形的高、宽尺寸标注在图形的左边，孔的高、宽尺寸标注在图形的右边。

在半剖视图和局部剖视图中，由于图上对称部分省去了虚线，注写某些内部结构尺寸时，只能画出一边的尺寸界线和尺寸线终端。这时尺寸线长度须超过对称线，尺寸数字应注写整个结构的尺寸，如图 6.20（a）中的 $\phi150$、$\phi210$ 和图 6.20（b）正视图中的长度尺寸 600、550。

有关形体断面的尺寸，应尽量标注在断面图上，如图 6.21 所示。

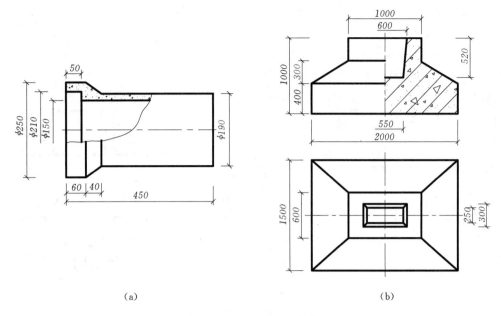

(a)   (b)

图 6.20 剖视图尺寸标注

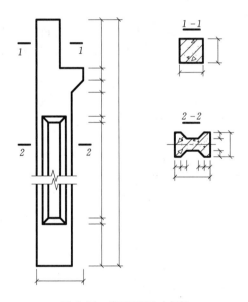

图 6.21 断面图尺寸标注

6.3 简化画法与规定画法

为了减小图纸幅面和节省绘图时间,《技术制图 简化表示法》(GB/T 16675.1—2012、GB/T 16675.2—2012)和《水利水电工程制图标准 基础制图》(SL 73.1—2013)等规定了一系列的简化画法和规定画法。

6.3.1　简化画法

1. 对称图形简化画法

对称图形可只画对称轴一侧或四分之一的视图，并在对称轴上绘制对称符号，或画出略大于一半并以波浪线为界线的视图，如图 6.22 所示。

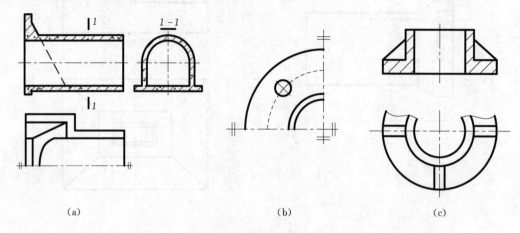

| (a) | (b) | (c) |

图 6.22　对称图形简化画法

2. 折断画法、断开画法

当形体很长或很大而不需要全部画出时，可采用折断画法，折断处应画折断线，对于断面形状和材料不同的物体，折断线的画法也不同，如图 6.23 所示。

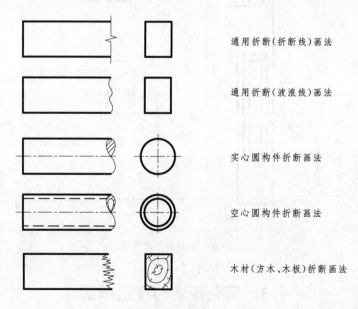

图 6.23　折断画法

较长的构件或机件（如梁、轴类、杆件、型材等）沿长度方向的断面形状相同或按一定规律变化时，可将中间一段"截去"不画，再将端部两段靠拢画出，这种画法称为断开画法，如图 6.24 所示。对于采用断开画法的视图，尺寸仍应注出形体的全长。

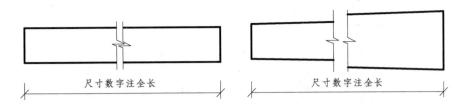

图 6.24 断开画法

3. 相同结构的简化画法

若物体上具有多个相同的图形要素，如孔、槽等，并且呈规律分布时，可以仅画出一个或少量几个，其余只需画出其中心位置，并标注数量，如图 6.25 所示。

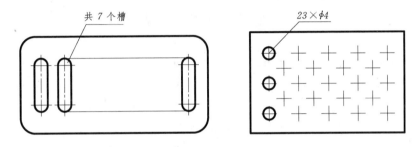

图 6.25 相同结构的简化画法

4. 剖面材料符号的简化画法

在画剖视图、断面图时，如剖面区域比较大，允许沿着剖面区域的轮廓线或某一局部画出部分剖面材料符号，如图 6.26 所示。

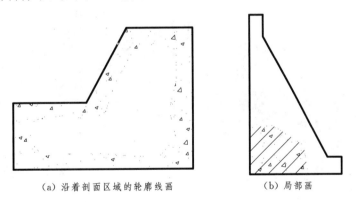

（a）沿着剖面区域的轮廓线画   （b）局部画

图 6.26 剖面材料符号的简化画法

6.3.2 规定画法

对于构件上的支撑板、肋板等薄壁结构和实心的轴、墩、桩、杆、柱、梁等，当剖切平面与其轴线、中心线或薄板板面平行时，这些构造都按不剖处理（剖面区域内不画剖面材料符号），而用粗实线将其与邻接部分分开，如图 6.27 中 1-1 断面图的肋板。

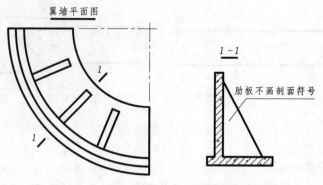

图 6.27 肋板的剖切规定画法

6.4 视图的综合应用

前面介绍了表示物体的一些常用方法。具体表示一个物体时，要根据物体的实际情况进行视图选择，综合运用各种图示方法（包括视图、剖视图和断面图等），将物体完整、清晰地表达出来。对于物体视图的阅读，则需运用各种表达方法的原理、规律，分析图中结构的形状、图线的含义等，理解物体的空间形状。

对于一些工程结构，应分析它的构造、作用和组成，以便根据实际情况来确定物体的放置位置，正确选择正视图和各个视图的表达形式。下面举例说明综合运用各种视图表示物体的方法。

【例 6.1】 图 6.28 所示是涵洞的立体图，各部分的名称和构造如图所示。图 6.29 是它的一组视图。

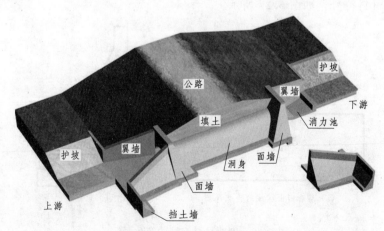

图 6.28 涵洞结构立体图

分析：涵洞是一种水工建筑物，绘图时一般按正常工作位置放置，并使建筑物的主要轴线平行于正立面，上游侧在左边。

为了清楚地表示洞身、面墙、底板、消力池的结构形状和材料，上、下游翼墙的形状及填土与岸坡结构等，正视图采用了通过轴线的纵剖视图（全剖视图）。

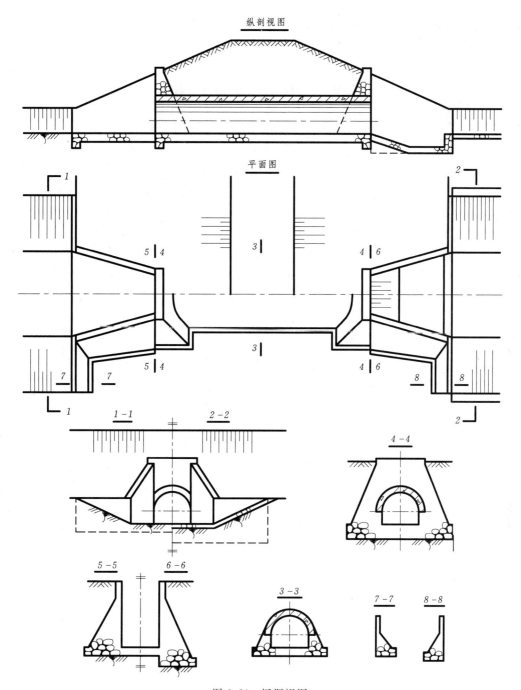

图 6.29 涵洞视图

平面图（俯视图）采用外形视图，主要表达涵洞各组成部分的位置和平面形状。为使结构可见，前半部分采用了掀开画法，不画上面覆盖的填土（水工图中常采用这种表达方法）。图中长短相间的细实线为示坡线，表示该面为斜坡，短线的一侧为坡顶。

洞身的断面形状和材料用 3-3 断面图表示。为了表达进出口的外形，采用了 1-1、2-2 剖视图，因左右对称，按照局部视图配置各画一半，合并在一起是为了节省图幅。面

117

墙的形状和八字翼墙最大断面的形状分别用4-4断面、5-5断面和6-6断面表达。7-7断面、8-8断面表达了进出口转折处挡土墙的断面形状。

6.5　第三角画法

相互垂直的三个投影面（V面、H面和W面）把空间分成八个分角（图6.30），把物体放在第一分角内作正投影的画法称为第一角画法（图6.1）；把物体放在第三分角内向各投影面进行投射得到投影图的方法，称为第三角画法，如图6.31（a）所示。

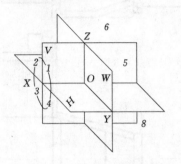

图6.30　空间八个分角

第三角画法假定投影面是透明的，并且处在观察者和物体之间，投射时，始终保持人→投影面→物体的相对位置关系。投影面的展开方法如图6.31（b）所示，视图的位置和投影关系如图6.31（c）、（d）所示。

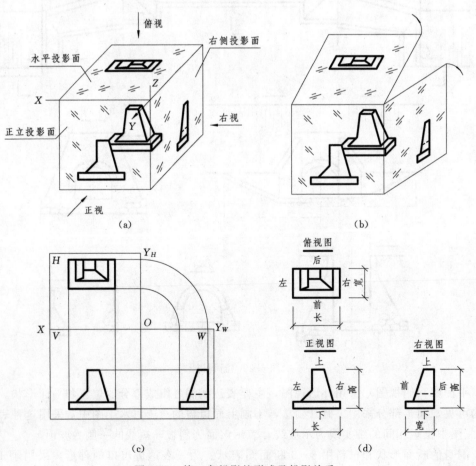

图6.31　第三角投影的形成及投影关系

第7章 标 高 投 影

7.1 概　　述

水工建筑物建造在地形面上，因此水利工程的设计和施工常需画出地形图，以便在图纸上解决建筑物的布置和建筑物与地面连接等问题。由于地形面是不规则的复杂曲面，且水平尺寸比高度尺寸大得多，用多面正投影或轴测投影都不能表示清楚，标高投影是一种适用于表示地形面和复杂曲面的图示方法。

如图 7.1 （b） 是一个四棱台的多面正投影，水平投影确定之后，正面投影主要表示四棱台的高度。图 7.1 （c） 是它的标高投影图，图上只画出四棱台的平面图，并注上其顶面和底面的高度数值 （2.00 和 0.00） 及绘图比例，就可完全确定四棱台的形状和大小（图中长短相间的细实线称为示坡线，用来表示坡面并画在坡面高的一侧）。

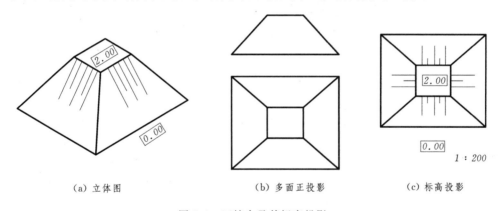

（a）立体图　　　　　　（b）多面正投影　　　　　　（c）标高投影

图 7.1　四棱台及其标高投影

这种用水平投影加注高度数值表示空间物体的方法称为标高投影法。标高投影是单面正投影，必须注明绘图比例或画出图示比例尺，图上所注的高度数值称为高程。

高程单位是米（m），图中不需注写。标注高程的基准面常采用国家统一规定的水准零点（黄海平均海平面），并规定零点以上为正，零点以下为负。

7.2　点、直线、平面的标高投影

7.2.1　点的标高投影

如图 7.2 所示，设水平面 H 为基准面，点 A 在 H 面上方6m，点 B 在 H 面下方3m，画出 A、B 两点水平投影 a、b，并在它们的右下角标明其高度数值6和−3，就得到 A、B 两点的标高投影图，如图 7.2 （b） 所示。图中6，−3即为相应点的高程，高程一律以米为单位且无须注明，但绘图比例或图示比例尺则不可缺少。

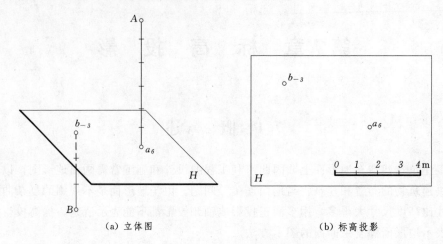

（a）立体图　　　　　　　　（b）标高投影

图 7.2　点的标高投影

7.2.2　直线的标高投影

1．直线的坡度和平距

直线的坡度是指直线上两点的高度差与水平距离的比值，用 i 表示。

$$坡度(i) = \frac{高度差(H)}{水平距离(L)} = \tan a$$

如图 7.3（a）所示，直线 AB 的高差 $H = (6-3)$m，水平距离 $L = 6$m。所以坡度 $i = H/L = 3/6 = 1/2$，写成 $1:2$。作图中常需用到"平距"，直线的平距是指直线上两点的水平距离与高度差的比值，用 l 表示。

$$平距(l) = \frac{水平距离(L)}{高度差(H)} = \cot a = \frac{1}{\tan a} = \frac{1}{i}$$

由此可见，平距是坡度的倒数，坡度大则平距小，坡度小则平距大。图 7.3（a）中直线 AB 的坡度为 $1:2$，则平距为 2，即此直线上两点高度差为 1m 时，其水平距离

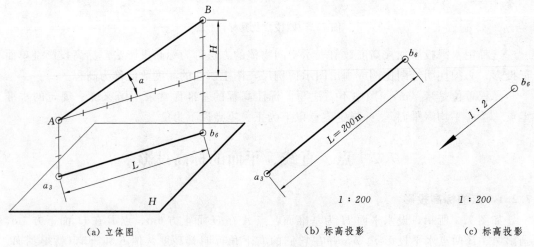

（a）立体图　　　　　　　（b）标高投影　　　　　　（c）标高投影

图 7.3　直线的标高投影

为 2m。

若已知直线上两点的高度差 H 和平距 l，就可利用公式 $L = l \times H$ 计算出两点间的水平距离 L。

2. 直线的标高投影表示

在标高投影中，直线的位置可由直线上的两个点或直线上一点及该直线的方向确定。因此直线的表示有以下两种。

(1) 用直线的水平投影和线上两点的高程表示，如图 7.3 (b) 所示。

(2) 用直线上一点的标高投影和直线的方向（坡度和指向下坡方向的箭头）表示，如图 7.3 (c) 所示，图中直线的方向是用坡度 1∶2 和箭头表示的，箭头指向下坡。

3. 直线上的点

直线上的点有两类问题需要求解，一是在已知直线上定出任意高程点的位置；二是推算直线上已知位置点的高程。

【例 7.1】 作出图 7.4 (a) 所示直线上高程为 4m 的点 B。

解：已知 A、B 两点的高度差 $H_{AB} = 7 - 4 = 3(\text{m})$

直线的平距 $l = 1/i = 3$

点 A、B 的水平距离 $L_{AB} = H_{AB} \times l = 3 \times 3 = 9(\text{m})$

自 a_7 顺箭头方向按比例量取 9m，即得点 B 的标高投影 b_4，如图 7.4 (b) 所示。

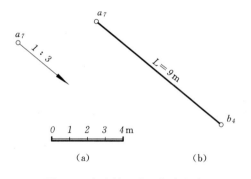

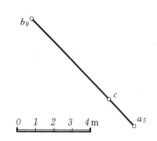

图 7.4 在直线上定已知高程点　　　　图 7.5 求直线上已知位置点的高程

【例 7.2】 求图 7.5 所示直线上点 C 的高程。

解：先求直线 AB 的坡度。

已知点 A、B 的高度差 $H_{AB} = 9 - 5 = 4(\text{m})$

用比例尺在图上量得 $L_{AB} = 8\text{m}$

所以直线 AB 的坡度 $i = \dfrac{H_{AB}}{L_{AB}} = \dfrac{4}{8} = \dfrac{1}{2}, l = 2$

又因量得 L_{AC} 为 2m，等于平距 l 值，可知点 C 比点 A 高 1m，所以点 C 的高程为 6m。

7.2.3 平面的标高投影

1. 平面上的等高线和坡度线

平面上的等高线是平面上高程相同的点的集合，也可看成是平面与水平面的交线，如图 7.6 (a) 所示。

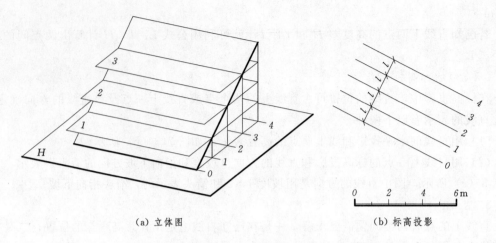

（a）立体图 （b）标高投影

图 7.6 平面上的等高线

图 7.6（b）表示平面上等高线的标高投影。平面上的等高线有以下特性。

（1）平面上的等高线都是直线。

（2）同一平面上不同高程的等高线互相平行。

（3）平面上相邻等高线的高差相等时，其水平距离也相等。图 7.6 中相邻等高线的高差为 1m，它们的水平距离即为平距 l。

平面上与等高线垂直的直线称为坡度线，如图 7.7（a）中的直线 AB。

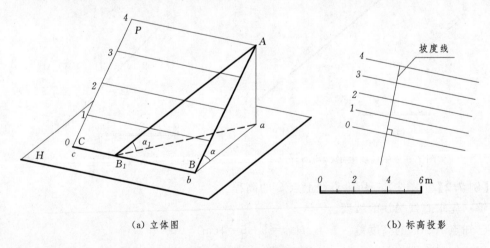

（a）立体图 （b）标高投影

图 7.7 平面上的坡度线

平面上的坡度线有以下性质：

（1）平面上坡度线的投影与等高线的投影互相垂直。如图 7.7 所示，$AB \perp BC$，$BC /\!/ H$ 面，故 $ab \perp bc$。

（2）坡度线对水平面的倾角等于平面对水平面的倾角。如图 7.7 所示，因 $AB \perp BC$，$ab \perp bc$，BC 与 bc 重合而且是 P 面与水平面 H 的交线，因此角 α 就是 P 面对 H 面的倾角，坡度线 AB 的坡度就是平面 P 的坡度。

122

（3）坡度线是平面上坡度最大的直线。

2. 平面的标高投影表示

标高投影中常用以下三种方法表示平面。

（1）用平面上的一条等高线和一条坡度线表示。

如图 7.8（a）所示的一个平面，图 7.8（b）表示了求此平面上高程为 3m、2m、1m、0m 等高线的方法：首先算出平距 $l = 1/i = 1.5$（两等高线高差为 1m 时水平距离为 1.5m），沿坡度线的下坡方向（箭头所指），按照 1.5m 为间距截取相应各分点，再过各分点作 4m 等高线的平行线，即为所求。

（2）用平面上的两条（或一组）等高线表示，如图 7.8（c）所示。

（3）用平面上的一条任意直线、平面的坡度以及坡度线的大致方向表示，如图 7.9（a）所示。图中用虚线箭头表示坡度线的大致方向，其准确方向需作出平面上的等高线后才能确定。

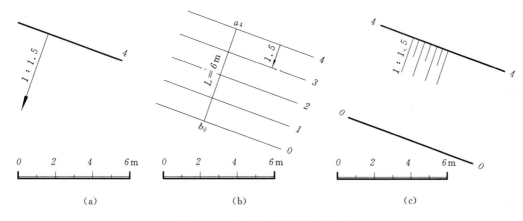

图 7.8 平面的标高投影表示方法

3. 作平面上的等高线

【例 7.3】 如图 7.9（a）所示，作该平面上高程为 0m 及高程为 3m、2m、1m 的等高线。

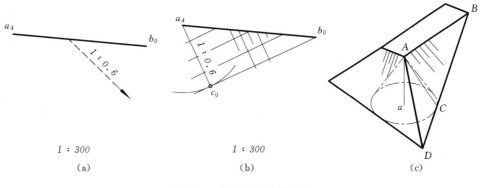

图 7.9 求平面上的等高线

解：因该平面上高程为零的等高线必过点 b_0，且与 a 的水平距离 $L = l \times H = 0.6 \times 4 =$

2.4(m)。故可以 a_4 为圆心，$R=2.4$m 作圆弧，过点 b_0 作直线与圆弧相切，切点为 c_0，直线 $c_0 b_0$ 即为此平面上高程为零的等高线。如将 $a_4 b_0$ 四等分，过各分点作 $c_0 b_0$ 的平行线，即可得高程为 3m、2m、1m 的等高线。图 7.9（b）表示了作该平面上高程为 0 及高程为 3，2，1 的等高线的方法。

上述作图方法也可以这样理解：以点 A 为锥顶，作一个素线坡度为 1：0.6 的正圆锥，此圆锥与高程为零的水平面交于一圆，此圆的半径为 2.4m，过直线 AB 作一平面与此圆锥相切，切线 AC 是圆锥的一条素线，也是所作平面上的一条坡度线，直线 BC 就是该平面上高程为 0m 的等高线。如图 7.9（c）所示。

图 7.9（b）中画出了该平面的示坡线。示坡线的方向应与该面上的等高线垂直。

4. 两平面的交线

在标高投影中，求两平面（或曲面）的交线时通常采用水平面作辅助平面。如图 7.10 所示，水平辅助面与两个相交平面的截交线是两条相同高程的等高线。这两条等高线的交点就是两平面（或曲面）的共有点。则两平面（或曲面）上相同高程等高线的交点的连线就是两平面（或曲面）的交线。

在实际工程中，把建筑物上相邻两坡面的交线称为坡面交线。坡面与地面的交线称为坡脚线（填方）或开挖线（挖方）。

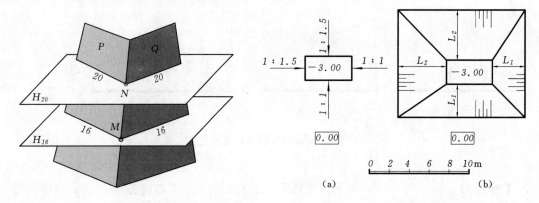

图 7.10　两平面交线的求法　　　　图 7.11　基坑开挖线及坡面交线

【例 7.4】 在高程为 0m 的地面上挖基坑，坑底高程为 −3m。坑底的大小、形状和各坡面的坡度如图 7.11（a）所示，求开挖线和坡面交线。

解： 如图 7.11（b）所示。

（1）求开挖线：地面高程为 0m，因此开挖线就是各坡面上高程为 0m 的等高线。它们分别与坑底边线平行，其水平距离可由 $L = l \times H$ 求得。式中高差 $H=3$m，所以 $L_1 = 1 \times 3 = 3$(m)，$L_2 = 1.5 \times 3 = 4.5$(m)。

（2）求坡面交线：相邻两坡面上高程相同的等高线的交点就是两坡面的共有点，分别连接相应的两个共有点，即得到四条坡面交线。

（3）画出各坡面的示坡线。

从图 7.11（b）可以看出，当相邻两坡面的坡度相同时，其坡面交线是两坡面等高线夹角的角平分线。

【例 7.5】 如图 7.12（a），在高程为 2m 的水平地面上修建一个平台，台顶高程为 5m。有一斜坡引道通到平台顶面，平台右侧的坡面坡度为 1：1，引道两侧的坡面坡度为 1：1.2，试画出其坡脚线和坡面交线。

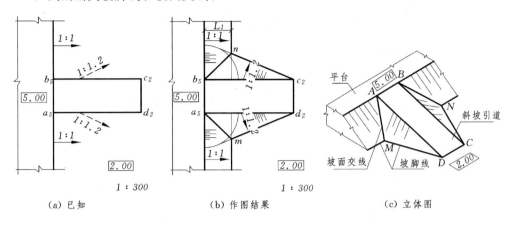

图 7.12 平台与斜坡引道的坡脚线及坡面交线

解： 如图 7.12（b）所示。

（1）求坡脚线：地面高程为 2m，因此坡脚线即为各坡面上高程为 2m 的等高线，平台边坡坡脚线与平台边缘线 $a_5 b_5$ 平行，水平距离 $L_1 = 1 \times 3 = 3$（m）。

引道两侧坡脚线求法与图 7.9（b）相同：分别以 a_5、b_5 为圆心，$L_2 = 1.2 \times 3 = 3.6$（m）为半径画圆弧，再自 c_2、d_2 分别作两圆弧的切线，即为引道两侧的坡脚线。

（2）求坡面交线：平台边坡坡脚线与引道两侧坡脚线的交点 m、n 就是平台坡面与引道两侧坡面的共有点，a_5、b_5 也是平台坡面和引道两侧边坡的共有点，连接 $a_5 m$ 及 $b_5 n$ 即为所求的坡面交线。

（3）画出示坡线。引道两侧的示坡线应分别垂直于坡面上的等高线 md_2、nc_2，如图 7.12（b）所示。

7.3 曲面的标高投影

7.3.1 正圆锥面

当正圆锥的轴线垂直于水平面时，用一系列的水平面截正圆锥面，其截交线为水平圆，这些水平圆即锥面的等高线。正圆锥面的标高投影通常用一组注上高程数字的同心圆（圆锥面的等高线）表示。锥面坡度愈陡等高线愈密，坡度愈缓等高线愈疏。如图 7.13（a）的水平投影为正圆锥的标高投影，图 7.13（b）为倒圆锥的标高投影。也可用一条等高线（圆或圆弧）及一条坡度线表示，如图 7.13（c）所示。

正圆锥面上的等高线具有如下投影特性。

（1）等高线是一组同心圆。

（2）同一锥面上高差相等的等高线之间的距离相等。

（3）当圆锥面正立时，越靠近圆心的等高线，其高程数值越大，如图 7.13（a）所示；当圆锥面倒立时，越靠近圆心的等高线，其高程数值越小，如图 7.13（b）所示。

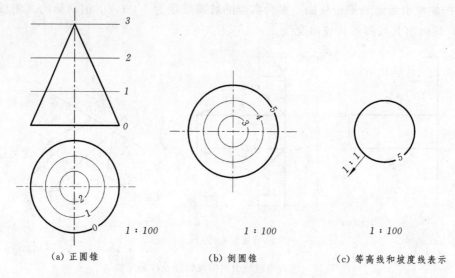

（a）正圆锥　　　　　　　　（b）倒圆锥　　　　　　　　（c）等高线和坡度线表示

图 7.13　圆锥面的标高投影

在土石方工程中，常将建筑物的立面做成坡面，而在其转角处做成与立面坡度相同的圆锥面，如图 7.14 转角处为 1/4 正圆锥面，图 7.15 为 1/4 倒圆锥面。圆锥面的示坡线应通过锥顶。

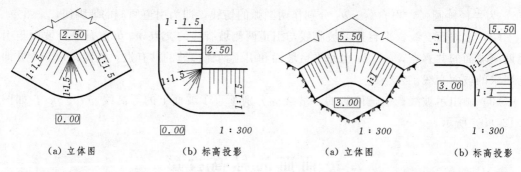

　　（a）立体图　　　　（b）标高投影　　　　　（a）立体图　　　　（b）标高投影

图 7.14　填方工程中的正圆锥面　　　　　图 7.15　挖方工程中的倒圆锥面

7.3.2　地形面

1. 地形等高线

如图 7.16（a）所示，假想用一水平面 H 截小山丘，可以得到小山丘上的一条等高线，它是一条形状不规则的曲线。如果用一组高差相等的水平面截地形面，就可得到一组高程不同的等高线。画出这些等高线的水平投影，并注明每条等高线的高程，就得到地形面的标高投影，这种图形称为地形图，如图 7.16（b）所示。地形图上等高线的高程数字的字头按规定指向上坡方向。相邻等高线之间的高差称为等高距，图 7.16（b）、（c）中的等高距为 5m。

图 7.16（c）所示的地形图，粗看起来和图 7.16（b）相似，但等高线的高程却是外边高，中间低，所以它表示的不是小山丘，而是一凹地。

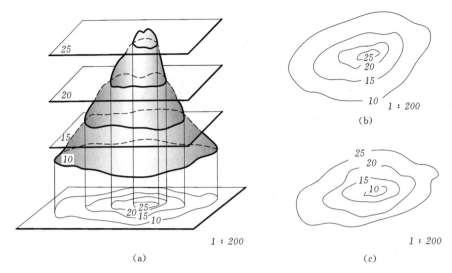

图 7.16　地形面的标高投影

用这种方法表示地形面，能够清楚地反映出地面的形状、地势的起伏变化及坡向等。如图 7.17 中部的环状等高线，中间高四周低，表示一个山头；北坡等高线密集，平距小，表示地势陡峭；西南坡等高线平距大，表示地势平坦。图 7.17 的右边还有一个小山丘，两山丘之间是一鞍部，该图等高距是 5m。

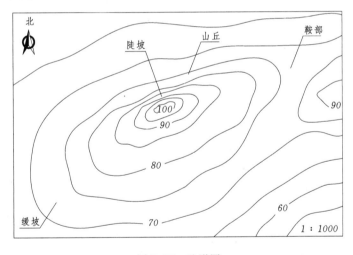

图 7.17　地形图

2. 地形断面图

用铅垂面剖切地形面，所得到的断面图称为地形断面图。地形断面图可以由地形图求得，其作图方法及步骤如下。

（1）如图 7.18（a）所示，在地形图上过 1-1 作铅垂面，求得 1-1 剖切位置线与地形面上各等高线的交点为 a、b、c、…。

（2）如图 7.18（b）所示，按等高距及地形图的比例画一组水平线（等高线），并标注高程 13、14、…、19。

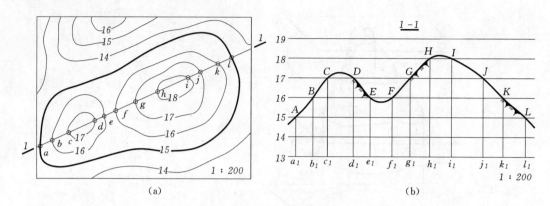

图 7.18 地形断面图的画法

（3）在地形图 7.18（a）中沿 1—1 方向，量取 a、b、c、…各点的水平距离，并在图 7.18（b）高程为 13m 的水平线上画出点 a_1、b_1、c_1、…。

（4）自点 a_1、b_1、c_1、…作竖线与相应高程的水平线相交于 A、B、C、…。

（5）将所得各点根据地形趋势连成光滑曲线（注意地势有较大起伏变化的两点应顺应地形趋势连成曲线，不应连成直线，如 C 到 D 点，E 到 F 点），并画上相应的剖面材料符号。

地形断面图对局部地形特征反映比较直观，因此把同一地点的多张地形断面图重叠在一起，可以很直观地分析该地点地形的变化过程。地形断面图也可用于求解建筑物坡面的坡脚线（开挖线）和计算土石方工程量等。

7.4 工程建筑物的交线

工程图样中常常需要求解土石方工程中的坡脚线（开挖线）和坡面交线，以便在图样中表达坡面的空间位置、坡面间的相互关系和坡面的范围，或者在工程造价预算中对挖（填）土方量进行估算。因此在工程图样表达中必须解决工程建筑物的交线问题。

7.4.1 交线的性质

建筑物的交线包括两种：①建筑物上坡面之间的交线；②建筑物的坡面与地面的交线（坡脚线或开挖线）。

交线的性质是由建筑物的坡面特征和地面特征共同决定的。在实际工程中，建筑物的坡面有平面也有曲面；地面又分为水平地面或不规则地形面，故工程建筑物的交线可能呈现出直线、平面曲线（规则曲线或不规则曲线）、空间曲线等多种不同形态。因此，在求解工程建筑物的交线时，必须对交线的形态和特点加以分析，进而指导求解步骤和结果分析。

1. 坡面特征分析

工程建筑物的坡面分为平面和曲面（仅限于讨论正圆锥面）两种。因为坡脚线（开挖线）都是由填筑（或开挖）边坡与地面相交产生的，所以通常情况下，堆筑堤坝或开挖基坑边线是直线，则坡面为平面，其坡面上的等高线即为一组平行于该边线的平行线；边线是圆弧，则坡面为圆锥面，其坡面上的等高线即为一组同心圆弧；边线是空间曲线，则坡面为同坡曲面。

如图 7.19（a）所示为一个高程为 5m 的平台，其边坡包括两个平面边坡和一个正圆锥面边坡。在图 7.19（b）的标高投影中，台顶处平面边坡 A、C 的边线均为直线，坡面上的等高线为一组平行于平台边线的直线；而正圆锥面边坡 B 的边线则为半圆弧，其坡面上的等高线为一组同心圆弧。

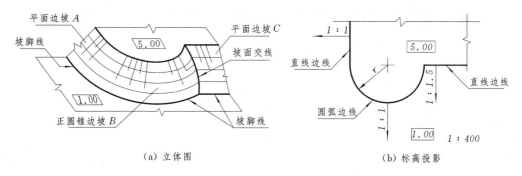

（a）立体图　　　　　　　　　　　　（b）标高投影

图 7.19　建筑物的坡面特征

2. 地面特征分析

地面可以分为水平地面和不规则地形面两种情况；水平地面的任意位置处具有相同的高程，如图 7.19 中的地面即为高程为 1m 的水平地面；不规则地形面的表面起伏不平，如图 7.17 和图 7.18（a）所示的地面都是不规则地形面，可以用一组带高程数值的地形等高线加以描述。

3. 建筑物上坡面之间的交线

建筑物上相邻的坡面之间会产生坡面交线，其性质取决于坡面自身的特征，与地面特征无关。通常情况下，两平面边坡的交线一定是直线，而平面边坡与正圆锥坡面的交线则是直线或规则平面曲线（根据平面边坡与正圆锥边坡轴线相对位置的不同，平面曲线有椭圆、抛物线、双曲线等三种情况）。如图 7.19（a）中平面边坡 A 与圆锥边坡 B 素线坡度相同，故两坡面相切，不画切线；圆锥边坡 B 与平面边坡 C 产生了一段椭圆弧的坡面交线。

4. 建筑物的坡面与地面的交线

建筑物的坡面与地面的交线称之为坡脚线（开挖线），是由填筑（或开挖）边坡与地面相交产生的。因此通常情况下，建筑物的一条边线就会产生一个边坡，也就会有一条坡脚线或开挖线（个别坡脚线或开挖线会被其他边坡遮挡），如图 7.19（a）中平台边坡产生了三条坡脚线。坡脚线（开挖线）的形态取决于坡面特征和地面特征，其不同交线的形态见表 7.1。

表 7.1　　　　　　　　　　　　　　　坡脚线/开挖线的形态

建筑物 坡面形态	建筑物 边线形式	建筑物 坡面上等高线的形态	坡脚线/开挖线的形态	
			水平地面	地形面
平面边坡	直线	一组平行于边线的直线	直线	不规则平面曲线
圆锥面边坡	圆弧	一组同心圆/圆弧	圆弧	不规则空间曲线

7.4.2　工程建筑物交线的求解方法

求解交线的基本方法仍然是用水平面作辅助面，求相交两个面的相同高程等高线的交点，以直线或曲线连接。如果交线是直线，只需求出两个共有点并连成直线即可；如果交线是曲线，则应求出一系列的共有点，然后依次连接，即得交线。作图的一般步骤如下。

（1）依据坡度，定出开挖或填方坡面上坡度线的若干高程点（若坡面与地形面相交，高程点的高程一般取与已知地形等高线相对应）。

（2）过所求高程点作等高线（等高线的类型由坡面性质确定）。

（3）找出相交两坡面（包括开挖坡面、填方坡面、地形面）上同高程等高线的交点。

（4）连点画线（连线的类型由相交两坡面的坡面性质确定）。

（5）画出坡面上的示坡线。

下面通过一些例题来说明求解工程建筑物的交线问题。

【例 7.6】 在高程为 1m 的地面上修筑一高程为 5m 的平台，台顶的形状及边坡的坡度如图 7.19（b）所示，试求其坡脚线和坡面交线。

分析：平台的坡面特征为两个平面边坡 A、C 和一个圆锥边坡 B，将产生两条坡面交线；地面特征为水平地面，每个边坡都将产生一条坡脚线，其中平面边坡 A、C 与地面的交线为直线，圆锥边坡 B 与地面的交线为圆弧。

解：如图 7.20 所示。

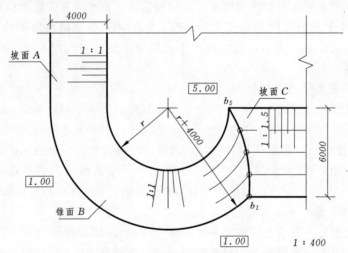

图 7.20 求坡脚线和坡面交线

（1）求坡脚线：平台左边的坡面 A 为平面，坡脚线与台顶边线平行，其水平距离 $L = 1 \times (5-1) = 4$（m）。平台左前方的边坡 B 是圆锥面，所以坡脚线与台顶半圆是同心圆，其半径差 $= 1 \times (5-1) = 4$（m），所以水平距离相同。平台右前方坡面 C 为平面，坡脚线为直线，水平距离 $L = 1.5 \times (5-1) = 6$（m）。

（2）求坡面交线：左边坡面 A 与锥面 B 素线坡度相同，故坡面 A 与锥面 B 相切，不画切线。平台右边坡面 C 坡度小于锥面 B 素线坡度，所以交线是段椭圆弧，b_5、b_1 是坡面交线的两个端点。为求中间点，需在锥面 B 和斜面 C 上分别求出高程为 4m，3m，2m 的等高线。锥面 B 上的等高线为一组同心圆。半径差为 1m，斜坡面 C 上的等高线为一组平行直线，其水平距离为 1.5m。相邻面上同高程等高线的交点就是所求坡面交线上的共有点，用光滑曲线连接共有点，即得坡面交线。

（3）画出各坡面的示坡线。

【**例 7.7**】 在河道上筑一道土坝，坝顶的位置、高程及上、下游坡面的坡度如图 7.21 （b）所示，试求坝顶及上游、下游边坡与地面的交线。

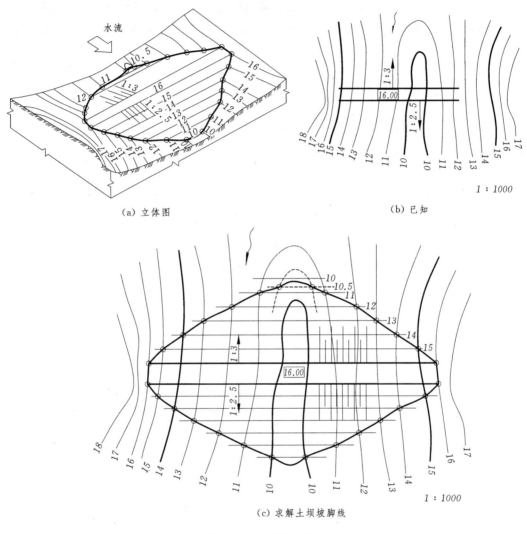

（a）立体图　　　　　　　　　（b）已知

（c）求解土坝坡脚线

图 7.21　土坝的坡脚线

分析：从图 7.21（b）可以看出，坝顶高程为 16m，高于地面，所以是填方工程。土坝顶面及上游、下游坡面与地面都有交线。由于地面是不规则曲面，所以交线都是不规则的平面曲线，如图 7.21（a）所示。

作图：如图 7.21（c）所示。

（1）坝顶面是高程为 16m 的水平面，它与地面的交线是地面上高程为 16m 的等高线。作图时，应将坝顶边界线画到与地面上高程为 16m 的等高线相交处。

（2）下游坡面与地面的交线是不规则的平面曲线，必须求出一系列共有点以后才能连线。为了求出这些共有点，首先需要根据地形图中的等高距，在土坝下游坡面上作一系列等高线，坡面与地面上同高程等高线的交点就是坡脚线上的点。土坝下游坡的坡度为1：2.5，因此坡面上相邻等高线的水平距离为2.5m。

将所求共有点依次连成光滑曲线，就得到了下游坡面的坡脚线。

（3）上游坡面的坡脚线求法与下游坡面坡脚线的求法相同，只是上游坡面坡度为1：3。所以坡面上相邻等高线的水平距离为3m。另外，坡面上高程为10m的等高线与地形面上高程为10m的等高线不相交，这时可以在坡面和地形面上各插一条高程为10.5m的等高线，又可求得两个共有点，连点时应顺着交线的趋势连成曲线。

最后画上示坡线，完成作图。

【例7.8】 如图7.22（b）所示，在山坡上修筑一个水平场地，场地高程为20m。挖方坡度为1：1，填方坡度为1：1.5，试求各边坡与地面的交线及各坡面交线。

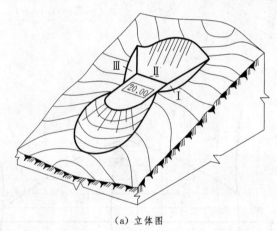

（a）立体图

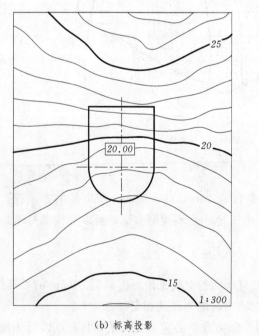

（b）标高投影

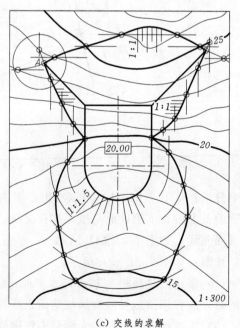

（c）交线的求解

图7.22　场地的坡脚线、开挖线和坡面交线

分析: 因为水平场地的高程为 20m,所以地面上高程为 20m 的等高线是填方和挖方的分界线,地面高于 20m 的一边需要挖方,低于 20m 的一边需要填方。从图中可知,挖方部分水平场地边界线为三段直线,因此产生 Ⅰ、Ⅱ、Ⅲ 三个坡面,应有三条开挖线和两条坡面交线。填方部分场地边界线为两条直线段与半圆相切,因此,坡面是有两个倾斜平面和半个圆锥面相切组成,没有坡面交线,只有坡脚线。

作图: 因地形图上的等高距是 1m,所以坡面上的等高距也应取 1m。填方坡度为 1:1.5,等高线的平距为 1.5m,挖方坡度为 1:1,等高线的平距为 1m。

挖方部分作图步骤如 7.22(c)上半部分所示。

(1)画出 Ⅰ、Ⅱ、Ⅲ 坡面上的等高线。

(2)分别求出 Ⅰ、Ⅱ、Ⅲ 面的开挖线。

(3)作坡面交线。因相邻坡面坡度相等,故应是 45°线。

注意: 从图 7.22(a)可以看出,Ⅱ、Ⅲ 面及地面三个面交于点 A。所以 Ⅱ、Ⅲ 两个面的开挖线及这两个面的坡面交线也应交于一点,如图 7.22(c)中圆圈内所示。

填方部分作图方法如图 7.22(c)下半部所示。

(1)画出锥面及两平面上的等高线。

(2)找出坡面上等高线与地面上同高程等高线的交点,将它们连成光滑曲线,就是所求的坡脚线。

最后画上示坡线,完成作图。

第8章 水利工程图

在水利工程建设中，为了充分利用水资源，常需要修建一些建筑物来控制水流或泥沙，达到防洪、除涝、灌溉、发电、航运、给水、养殖等目的，这些建筑物统称为水工建筑物。从综合利用水资源的目的出发，一个水利工程往往由若干建筑物组成，这些水工建筑物群称为水利枢纽。如图 8.1 所示为红山窑水利枢纽全貌，该水利枢纽是滁河流域重要枢纽控制性建筑物。

图 8.1　红山窑水利枢纽

表达水工建筑物的工程图样称为水利工程图，简称水工图。表达物体的一般图示方法都适用于表达水工建筑物，但由于水工建筑物的结构及工作特点，水工图的图示方法有其本身的特点。

8.1　水工建筑物中的常见曲面

为了达到改善水流条件或受力状况、节省建筑材料等目的，往往把水工建筑物的某些表面做成曲面，如图 8.2 所示连拱坝，坝主体表面为曲面。水工建筑物中常见曲面有柱面、锥面、双曲抛物面、球面、环面等，这些曲面都可以看成直母线或曲母线在空间按一定规律运动所形成的轨迹，控制母线做有规律运动的线或面称为导线或导面。

8.1.1　柱面

直母线沿曲导线运动，并始终平行于另一直导线所形成的曲面称为柱面。如图 8.3（a）所示的溢流坝面，它可以看成是直母线 L 沿曲导线 M 运动并始终平行于 Y 轴所形成的，图 8.3（b）是其投影图。在投影图上除了要画出形成柱面的要素（母线、导线）的投影外，为了使视图表达清晰、形象，还需要画出柱面的外形轮廓线、边界的投影，有时还用细实线画上一些素线的投影。

图 8.2　梅山连拱坝

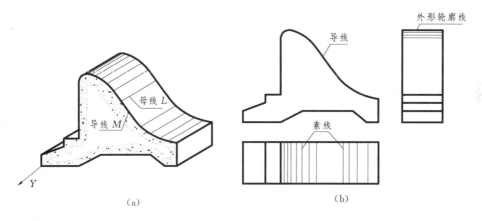

图 8.3　柱面（溢流坝面）

柱面的素线互相平行。如用一组互相平行的平面截柱面，截面的形状及大小都相同。

当柱面有两个或两个以上对称面时，它们的交线称为柱面的轴线。垂直于柱面轴线的截面称为正截面。正截面的形状反映柱面的特征，当柱面的正截面为圆时称为圆柱面；正截面是椭圆时称为椭圆柱面。圆柱面的轴线垂直于圆柱底面时，称为正圆柱面，如图 8.4所示；圆柱面的轴线倾斜于圆柱底面时，称为斜圆柱面，如图 8.5 所示；椭圆柱面的轴线垂直于柱底时，称为正椭圆柱面，如图 8.6 所示；椭圆柱面的轴线倾斜于椭圆柱底面时，称为斜椭圆柱面，如图 8.7 所示形体的曲面。

如图 8.7 所示为斜椭圆柱面与上、下两底面圆围成的斜椭圆柱体，斜椭圆柱面的曲导线为水平圆，直导线为正平线 OO_1，曲面上所有素线均为平行于 OO_1 的正平线。

画斜椭圆柱的投影与画正圆柱一样，需要画出上下底面、柱面外形轮廓素线及轴线的投影。如图 8.7 所示，斜椭圆柱的上下底都是水平圆，其水平投影是两个不重合的圆，它们的正面、侧面投影都积聚成水平直线段；在正视图上还要画出柱面上的正视外形轮廓线；左视图上要画出侧视外形轮廓线；俯视外形轮廓线是柱面上最前、最后两条素线，它们的水平投影与上下底圆的水平投影相切。该柱面的三个投影都没有积聚性，其正截面为椭圆，水平截面均为直径相等的圆，圆心在 OO_1 线上。

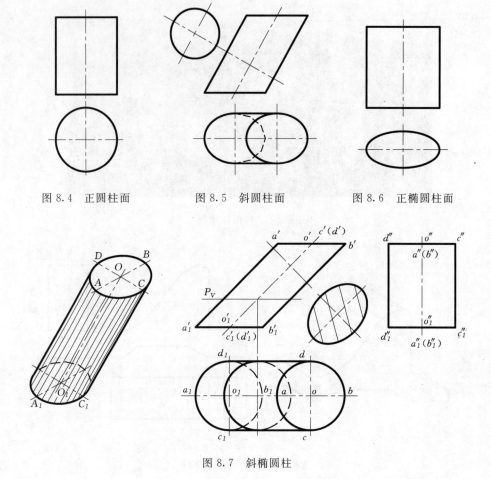

图 8.4　正圆柱面　　　　图 8.5　斜圆柱面　　　　图 8.6　正椭圆柱面

图 8.7　斜椭圆柱

图 8.8 所示的是斜椭圆柱面在工程中的应用，如图 8.8（a）所示为拦河坝泄水底孔进口的表面（安装拦污栅的地方），如图 8.8（b）所示为水闸闸墩一端的表面。

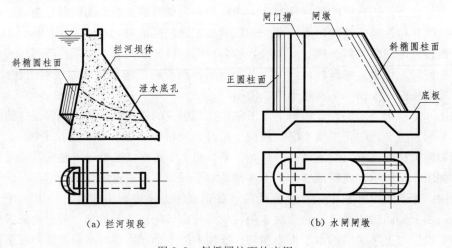

（a）拦河坝段　　　　　　　　　（b）水闸闸墩

图 8.8　斜椭圆柱面的应用

8.1.2 锥面

直母线沿曲导线运动，而且始终通过一定点 S 所形成的曲面称为锥面。定点 S 称锥顶，锥面上所有素线均通过锥顶。如图 8.9（a）所示渠道转弯处的斜坡面、图 8.9（b）所示的一段叉管，表面均是由锥面构成。

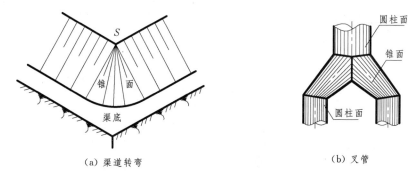

（a）渠道转弯 （b）叉管

图 8.9 锥面的应用

当锥面有两个或两个以上对称面时，它们的交线称为锥面的轴线。垂直于锥面轴线的截面称为正截面。当锥面的正截面为圆时称为圆锥面，正截面为椭圆时称为椭圆锥面；当锥面的轴线垂直于底面时称为正锥面，否则称为斜锥面。

如图 8.10 所示是一斜椭圆锥面，其曲导线为水平圆，曲面上所有素线均通过定点 S。投影图中画出了定点、导线（底圆）、外形轮廓素线以及底面圆心连线 SO 的投影。正视外形轮廓素线为锥面上最左、最右两条素线 SA、SB，侧视外形轮廓素线为锥面上最前、最后两条素线 SC、SD，俯视外形轮廓线的水平投影是自锥顶 S 的水平投影向底面圆所做的切线 $S1$、$S2$。

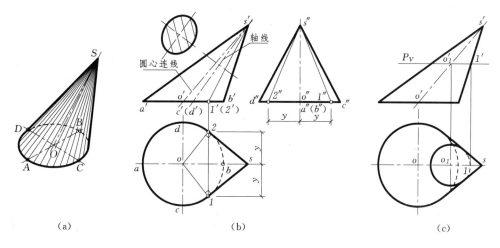

（a） （b） （c）

图 8.10 斜椭圆锥面

从图 8.10（b）中可以看出，斜椭圆锥面的轴线与底圆圆心连线不是同一直线，锥面轴线是锥顶角投影的角平分线。

若用水平面截此斜椭圆锥面，截交线都是圆，圆心在锥顶与底圆圆心的连线上，半径则要根据截平面的位置确定，如图 8.10（c）所示。

如图 8.11 所示进水口的渐变段是斜椭圆锥面在水利工程中的应用实例。水电站及抽水机站的引水管道或隧洞通常是圆形断面，而安装闸门处需要做成矩形断面，为使水流平顺过渡，在矩形断面与圆形断面之间，通常采用渐变段过渡，使断面逐渐变化。

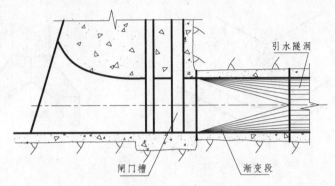

图 8.11　进水口处的渐变段

【**例 8.1**】　试分析图 8.12 所示渐变段表面的组成，并画出 1—1 断面图。

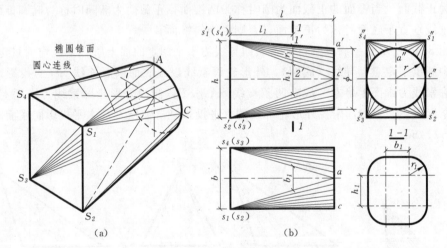

图 8.12　渐变段表面的组成

解：

（1）渐变段表面的分析。该渐变段是由四个三角形平面和四个四分之一斜椭圆锥面相切组成的。矩形断面的四个顶点 S_1、S_2、S_3、S_4 分别是四个椭圆锥面的顶点，圆周断面的四段四分之一圆弧分别为四个椭圆锥面的导线。

图 8.12（b）画出了渐变段表面的三个投影。图上除了画出表面的轮廓形状外，还用细实线画出椭圆锥面与平面切线的投影。它们的正面投影和水平投影与斜椭圆锥圆心连线的投影重合。此外，图中还画出了锥面上一些素线的投影，使图形更加形象化。

（2）渐变段断面的画法。在矩形断面与圆形断面之间的断面图都是带圆角的矩形。圆角半径的大小 r_1 及直线段的长度 h_1、b_1 都随剖切位置不同而变化。

因 $\triangle s_1'a'c' \sim \triangle s_1'1'2'$，可得：

$$\frac{r_1}{r}=\frac{l_1}{l} \quad 则\ r_1=\frac{l_1}{l}r$$

式中
$$r=\frac{\phi}{2}$$

同理可得

$$\frac{h_1}{h}=\frac{l-l_1}{l} \quad 则\ h_1=\frac{l-l_1}{l}h$$

$$\frac{b_1}{b}=\frac{l-l_1}{l} \quad 则\ b_1=\frac{l-l_1}{l}b$$

画断面图时，可以根据计算得出的或在图上量出的 h_1、b_1 值定出四个圆心，以 r_1 为半径画出四段四分之一圆弧，然后画四条公切线。在图 8.12（b）中画出了 1—1 断面图。在断面图上应注明 h_1、b_1、r_1 的尺寸。

8.1.3 双曲抛物面

一直母线沿两交叉直导线运动，且始终平行于一个导平面，所形成的曲面称为双曲抛物面，又叫扭曲面。如图 8.13 所示双曲抛物面的导线是 AB、CD 两条交叉直线，导面是平面 P，素线Ⅰ Ⅰ、Ⅱ Ⅱ、Ⅲ Ⅲ都平行于导面 P，而且彼此相互交叉。

在水利工程中，灌溉渠道一般都是梯形断面，而渠系建筑物如闸、渡槽等多是矩形断面，为使水流平顺，在闸和渡槽的进出口与渠道连接处，两侧翼墙常做成双曲抛物面，使断面逐渐变化，如图 8.14（a）所示。

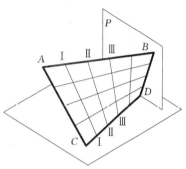

图 8.13 双曲抛物面

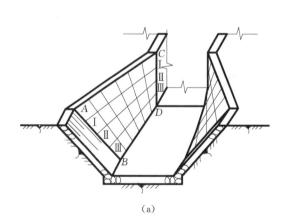

(a)

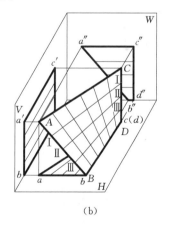

(b)

图 8.14 渠道中的双曲抛物面

把图 8.14（a）中的双曲抛物面 $ABCD$ 放入三投影面体系中，如图 8.14（b）所示。双曲抛物面 $ABCD$ 可以看成直母线 AC 沿着两交叉直线 AB、CD 运动，而且始终平行于水平面 H 所形成，这时素线 AC、Ⅰ Ⅰ、…都是水平线；该双曲抛物面还可以看成由直母线 AB 沿着两交叉直线 AC、BD 运动，而且始终平行于侧面 W 所形成，这时素线都是侧平线。由此可见，在双曲抛物面上有两组直素线，施工时就是根据这个特点立模放样的。

　　画双曲抛物面的投影时，不但要画出其导线及两条边界素线的投影，还要画出一些素线的投影，如图 8.15。与平面不同的是，双曲抛物面的几个投影虽然都是多边形，但三个投影并不是类似形状，图 8.15（a）和（b）中双曲抛物面的正面投影是矩形，侧面投影是梯形。图 8.15（a）画出了一组水平素线的投影，它们的正面和侧面投影都是水平直线，水平投影是放射线束；图 8.15（b）画出了一组侧平素线的投影，它们的正面、水平投影都是竖直线，侧面投影是放射线束。

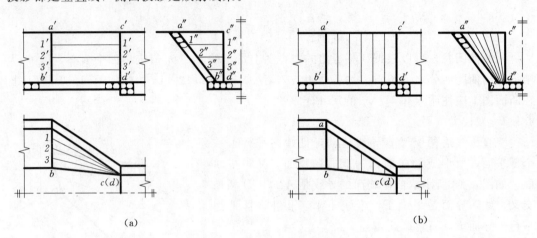

图 8.15　双曲抛物面的素线画线

　　在工程图中，习惯于在双曲抛物面的水平投影上画出水平素线的投影，在侧面投影上画出侧平素线的投影，它们都呈放射线束；在正面投影上不画素线，只写上"扭曲面"或"扭面"，如图 8.16 所示。图 8.16 所示翼墙迎水面是扭曲面，背水面也是扭曲面，其中背水面扭曲面的四个顶点是 E、F、G、H。

【例 8.2】 作出图 8.16（a）所示翼墙 A—A 断面图。

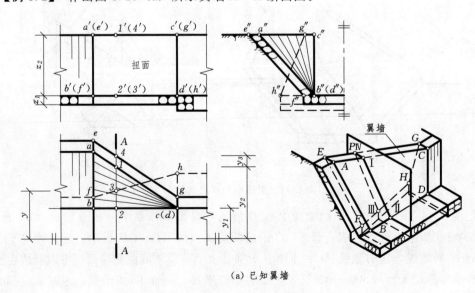

（a）已知翼墙

图 8.16（一）　双曲抛物面翼墙及其断面图画法

140

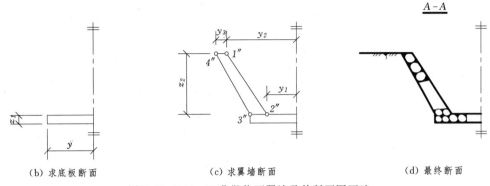

（b）求底板断面   （c）求翼墙断面   （d）最终断面

图 8.16（二）　双曲抛物面翼墙及其断面图画法

分析：翼墙迎水面和背水面都是扭曲面。剖切平面 A－A 是侧平面，与两个扭曲面的侧平线平行，因此它与两个扭曲面的交线都是直线，翼墙断面形状是四边形；底板的断面形状为矩形。作图步骤见图 8.16（b）～（d）。

8.2 水工图的图示方法

8.2.1 基本图示方法

在水工图中，俯视图称为平面图，正视图和左视图一般称为立面图（或立视图）。由于建筑物有被土层覆盖的部分，且有较多的内部结构需要表达，故采用剖视图或断面图的

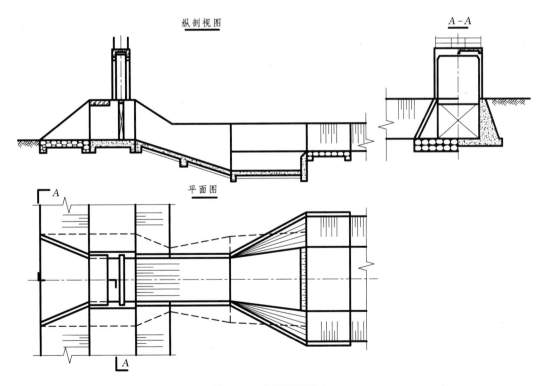

图 8.17　节制闸图示方法

141

图示方法。如图 8.17 所示的节制闸结构图中，正视图采用了沿建筑物对称面剖切的纵剖视图，左视图采用了 A - A 阶梯剖视图。

在水工图中，一般情况下每个视图都应该在上方（或下方）标注图名。为了方便读图，视图应尽量按投影关系配置，并尽可能画在同一张图纸内。

当视图与水流方向有关时，投射方向顺水流方向时，称为上游立面（或立视）图；逆水流方向时，称为下游立面（或立视）图。若上游立面图和下游立面图都是对称的图形时，为便于比较结构和节省图幅，可采取对称图形的简化画法，如图 8.18 所示。

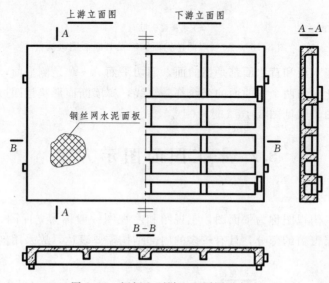

图 8.18　闸门上下游立面图图示方法

当人面向下游站立时，左侧河岸称为左岸，右侧河岸称为右岸。工程中常采用河流的左岸、右岸来描述水工建筑物的相对位置。在布置平面图时，一般使水流方向为自上而下，或自左向右。

当剖切平面平行于建筑物轴线或顺河流流向时，称为纵剖视（或纵断面）图；当剖切面垂直于建筑物轴线或河流流向时，称为横剖视（横断面）图，如图 8.19 和图 8.20 所示。

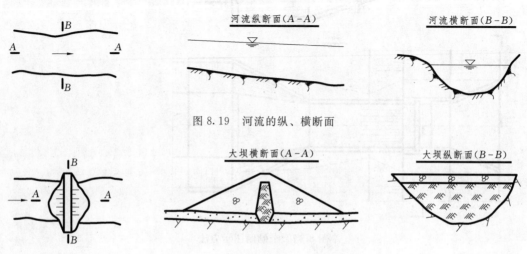

图 8.19　河流的纵、横断面

图 8.20　建筑物的纵、横断面

8.2.2 其他表达方法

1. 局部放大图

当物体的局部结构由于图形的比例较小而表达不清楚或不便于注写尺寸时，将这些局部结构用大于原图的比例画出的视图称为局部放大图（或称详图、大样图）。详图一般应标注，其形式为：在被放大的部位用细实线圆圈出，用引线指明详图的编号，详图用相同编号标注其图名，并注写放大后的比例，如图 8.21 所示。

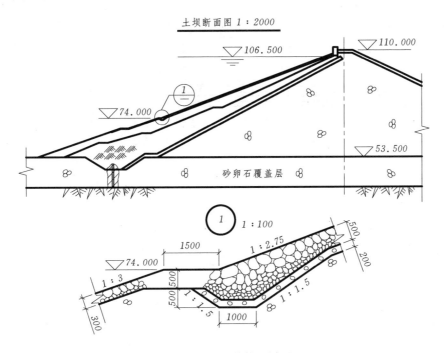

图 8.21 土坝结构及详图

2. 展开画法

当建筑物的轴线（或中心线）是曲线或折线时，可以将建筑物沿曲线（或折线）展开、绘制成视图、剖视图、断面图，并应在图名后注写"展开"二字。

如图 8.22 所示的码头泊位结构平面图中，码头右侧前沿线与正立面倾斜，为了在正立面图上反映出这部分结构的真实形状，可以假想将倾斜部分展开到与正立面平行之后再作投射，画出视图，所得的视图称为展开视图。

如图 8.23 所示作 A-A 展开剖视图时，用沿中心线的圆柱面 A-A 作剖切面，剖面区域的图形按真实形状展开，未剖切到的结构按法线方向展开到与投影面垂直后再投射。如平面图中支渠闸墩中心线的点 M，它向剖切面的投射位置是 m；岸墙上的点 N，它向剖切面上的投射位置是 n。把 mn 展开，就可得到 mn 在展开剖视图中的投影 $m'n'$，$m'n' = mn > MN$。但为了看图和画图的方便，支渠闸墩和闸孔的宽度仍按实际宽度画出。

3. 复合剖视图

除阶梯剖视图、旋转剖视图外，用几个剖切面剖开物体所得的剖视图称为复合剖视

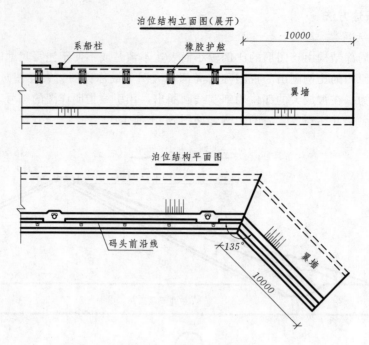

图 8.22 码头泊位结构图

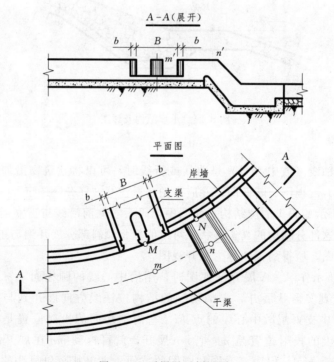

图 8.23 干渠展开剖视图

图，如图 8.24 所示的 2 - 2 剖视图。复合剖视图的剖切面的起讫和转折处都应进行标注。

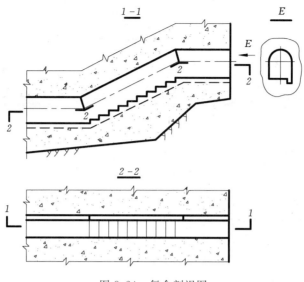

图 8.24 复合剖视图

4. 分层画法

当建筑物的结构变化具有层次时，为了节省图幅且又能表达出各层的结构布置情况，可在同一视图内按结构层次的顺序分层绘制，相邻层用波浪线分界并用文字注写各层结构的名称，如图 8.25 中，真空模板分层结构依次为木板、粗铁丝网、细铁丝网及过滤布四层。

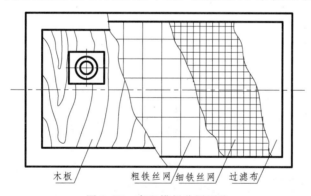

图 8.25 真空模板分层画法

5. 拆卸画法

当视图、剖视图中所要表达的结构被另外的结构或填土遮挡时，可假想将其拆掉或掀掉，然后再进行投射，绘制其下面所需表示的部分的视图，这种画法称为拆卸画法。如图 8.26 所示平面图中，对称线后面一部分桥面板及胸墙被假想拆卸，填土被假想掀掉。

6. 假想画法

为了表示活动部件的运动范围，或者为了表示相邻假想结构的轮廓，可以采用双点画线画出其投影，这种画法称为假想画法。如图 8.27 所示的水闸结构纵剖视图中，弧形闸门的吊装位置采用了假想画法，以表示它们在安装、启闭时的可能位置。

7. 连接画法

当结构物比较长但又必须画出全长而受图纸幅面的限制时，允许将图形分成两段绘

145

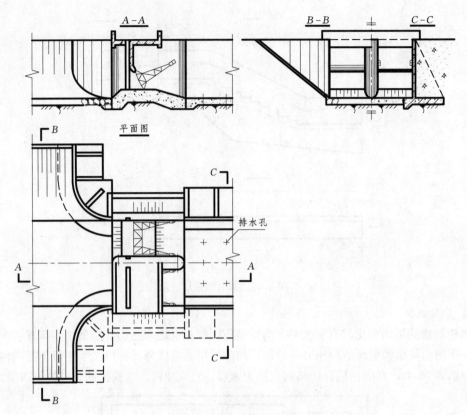

图 8.26 水闸拆卸画法

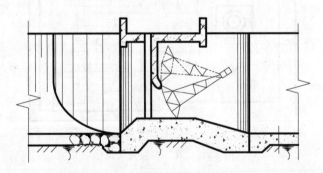

图 8.27 假想画法（弧形闸门）

制，并用连接符号表示图形的连接关系，这种画法称为连接画法，如图 8.28 所示。

8. 结构缝线规定画法

建筑物中有各种缝线，如为防止地基沉陷不均匀而设的沉陷缝、为防止温度变化使结构产生裂缝或破坏而设的伸缩缝、在混凝土浇筑过程中因设计要求或施工需要分段浇筑而设的施工缝，以及建筑材料不同而形成的材料分界线等，这些缝线在视图中都用粗实线表示，如图 8.29 所示。

9. 图例表示

当视图的比例较小，使得某些细部构造无法在图中表示清楚，或者某些附属设施（如

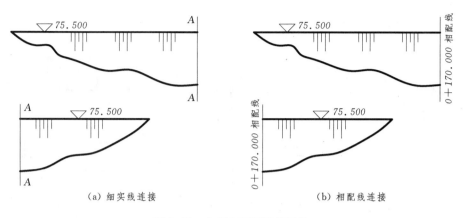

（a）细实线连接　　　　　　　　（b）相配线连接

图 8.28　土坝立面图连接画法

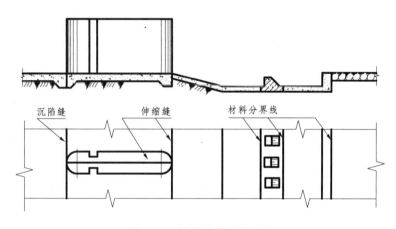

图 8.29　结构缝线规定画法

闸门、启闭机、吊车等）另有专门的视图表达，不需在图上详细画出时，可以在图中相应位置画出图例，以表示出结构物的类型、位置和作用。常用的图例如表 8.1 所示。

表 8.1　　　　　　　　　　　　水利工程图常用图例

序号	名称	图 例	序号	名称	图 例
1	水流方向		5	栈桥式码头	
2	指北针		6	水闸	
3	水电站		7	土石坝	
4	船闸		8	溢洪道	

序号	名称	图 例	序号	名称	图 例
9	涵洞（管）		14	平板闸门	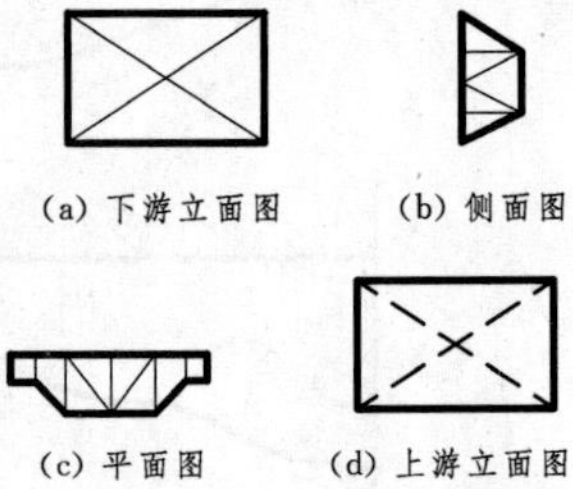 (a) 下游立面图　(b) 侧面图 (c) 平面图　(d) 上游立面图
10	堤	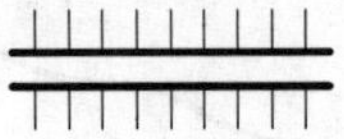			
11	挡土墙		15	弧形闸门	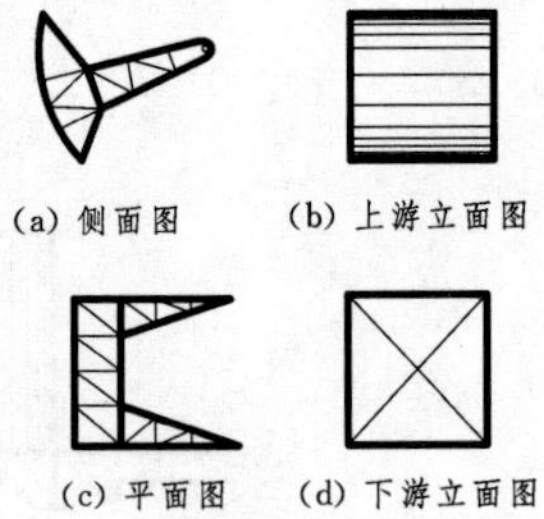 (a) 侧面图　(b) 上游立面图 (c) 平面图　(d) 下游立面图
12	散货堆场	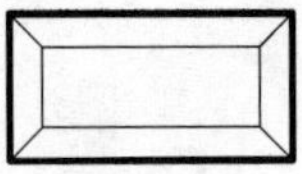			
13	公路桥	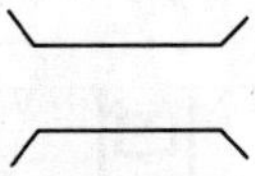	16	桥式吊车	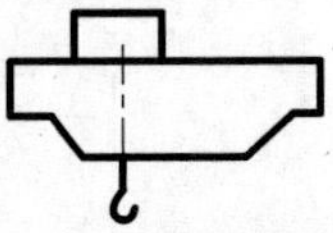

注　1. 序号 1～13 的图例主要使用在绘图比例较小的平面布置图中。
　　2. 序号 14～16 的图例主要使用在结构图中。

8.3　水工图的尺寸注法

　　水工建筑物施工时，其结构的大小是以图中标注的尺寸为依据的，故尺寸是水工图中重要的内容之一，前述章节有关组合体尺寸注写的要求、方法和规则都是适用的。但水工图的尺寸标注还应充分考虑水工建筑物本身的形体构造特征，考虑实际设计、施工过程对尺寸度量、定位方法和测量精度的要求。

8.3.1　基准点和基准线

　　要确定水工建筑物在地面上的位置，首先必须根据测量坐标系确定枢纽的基准点和基准线的位置，各建筑物的位置均以此为基准进行放样定位。

　　如图 8.30 所示为某抽水蓄能电站上水库大坝平面布置图，基准点为 B_{S1}（$X=$ 4813056.831，$Y=43379835.227$）、B_{S2}（$X=4813042.755$，$Y=43379881.806$）、B_{S3}（$X=$ 4813210.292，$Y=43380540.844$）和 B_{S4}（$X=4813346.586$，$Y=43380689.039$），坝轴线位置由四个基准点连线确定，坝轴线是枢纽的基准线。

8.3.2　高度的尺寸注法

　　水工建筑物的高度，除了注写垂直方向的尺寸外，一些重要的部位因采用水准测量的方法进行放样，须标注高程，如建筑物的顶面、底面等，如图 8.31 所示。

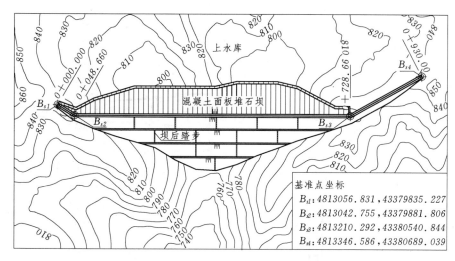

图 8.30 某抽水蓄能电站上水库大坝平面布置图

8.3.3 沿轴线长度的尺寸注法

对于坝、隧洞、渠道等较长的水工建筑物，沿轴线的长度尺寸一般采用"桩号"的注法，标注形式为 km＋m，km 为公里数，m 为米数。如图 8.30 所示，起点桩号位于点 B_{S1}，标注为"0＋000.000"，B_{S2} 点标注为"0＋048.660"，表明点 B_{S2} 距离起始点 B_{S1} 为 48.66 米，其中"＋"号表示位于起点桩号之后，若位于起点桩号之前用"－"号。

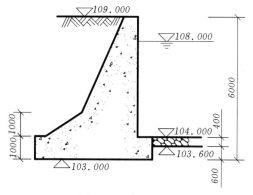

图 8.31 高程注法

当同一图中几种建筑物采用"桩号"标注时，可在桩号数字前加注文字以示区别，如坝 0＋021.000，洞 0＋018.300 等。

8.3.4 曲线与规则变化图形的尺寸特殊注法

为使水流平顺或结构受力状态合理，水工结构物常做成规则变化的形体。对这种形体的尺寸一般采用特殊的标注方法，使得图示简练，表达清晰，便于施工放样。常用的有下面几种。

1. 列表法

如图 8.32 所示为一梯形坝的典型坝段，该坝段不同高程的水平断面尺寸呈规则变化。采用坝型图和水平断面图表示坝段的形状，坝型图表达了沿高度方向的控制高程，断面图 A－A 表达了大坝水平向的尺寸，其中呈规则变化的尺寸用字母 T、a、c、B_1、B_2、B_3 表示，用列表法给出了不同高程时的水平尺寸值。

2. 数学表达式与列表结合标注曲线尺寸

水工建筑物的过水表面常做成柱面，柱面的横断面轮廓一般呈曲线形，如溢流坝的坝面、隧洞的进口表面等。标注这类曲线的尺寸时，一般采用数学表达式定义曲线形状，用表格列出曲线上控制点的坐标，以便于施工放样，如图 8.33 所示。

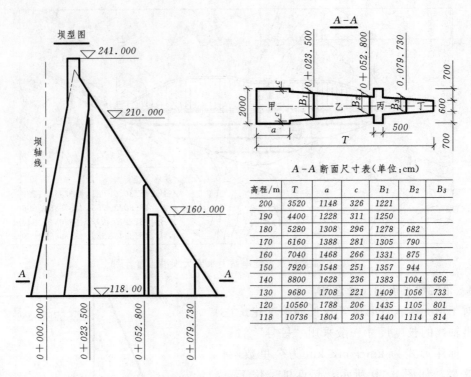

图 8.32 列表法标注尺寸

高程/m	T	a	c	B_1	B_2	B_3
200	3520	1148	326	1221		
190	4400	1228	311	1250		
180	5280	1308	296	1278	682	
170	6160	1388	281	1305	790	
160	7040	1468	266	1331	875	
150	7920	1548	251	1357	944	
140	8800	1628	236	1383	1004	656
130	9680	1708	221	1409	1056	733
120	10560	1788	206	1435	1105	801
118	10736	1804	203	1440	1114	814

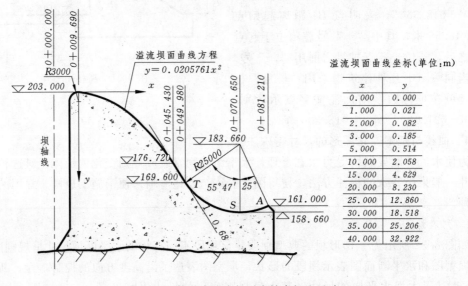

溢流坝面曲线方程
$$y = 0.0205761x^2$$

溢流坝面曲线坐标(单位:m)

x	y
0.000	0.000
1.000	0.021
2.000	0.082
3.000	0.185
5.000	0.514
10.000	2.058
15.000	4.629
20.000	8.230
25.000	12.860
30.000	18.518
35.000	25.206
40.000	32.922

图 8.33 数学表达式与列表结合标注尺寸

3. 坐标法

图 8.34 (a) 为用极坐标法标注蜗壳曲线尺寸的例子，图 8.34 (b) 为用直角坐标方式标注非圆曲线尺寸的例子，这是两种常见的运用坐标标注曲线尺寸的方法。坐标标注法可大幅度减少图中的尺寸界线和尺寸线的引出，使图形简洁、清晰。

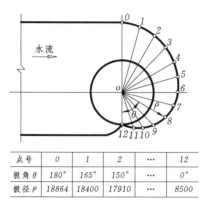

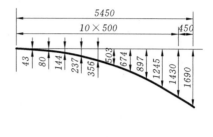

点 号	0	1	2	...	12
极角 θ	180°	165°	150°	...	0°
极径 ρ	18864	18400	17910	...	8500

（a）极坐标法　　　　　　　　　　　（b）直角坐标法

图 8.34　坐标法标注尺寸

8.4　水 工 图 的 分 类

水利工程的设计一般需要经过预可行性研究、可行性研究、初步设计和施工设计几个阶段。各研究和设计阶段的要求和重点不同，因此各阶段的图样表达的详尽程度和重点不尽相同。根据图样表达的侧重点和内容的区别，水工图一般可分为：工程位置图（包括灌溉区规划图）、枢纽布置图（或总体布置图）、建筑物结构图和施工图等。

8.4.1　工程位置图

工程位置图是用于表达工程地理位置的图样，一般表达与枢纽有关的河流、公路、铁路、重要建筑物、城市与居民点、旅游点等。其特点是：①图示的范围大，绘图比例小，一般比例为 1∶5000～1∶10000，甚至更小；②建筑物采用图例（表 8.1）表示。

图 8.35 所示是红山窑水利枢纽位置示意图，从图中可以看出，该枢纽位于长江下游左岸的一级支流——滁河，东西走向，是滁河流域重要枢纽控制性工程。

8.4.2　枢纽布置图

枢纽布置图主要表示整个水利枢纽在平面和立面的布置情况，如图 8.36（见文后）所示为红山窑水利枢纽总平面布置图。枢纽布置图一般包括以下内容。

（1）水利枢纽所在地区的地形、河流及流向、地理方位（指北针）等。

（2）各建筑物的相互位置关系。

（3）建筑物与地面的交线、填挖方边坡线。

（4）铁路、公路、居民点及有关的重要建筑物。

（5）建筑物的主要高程、定位点（轴线）和主要轮廓尺寸。

（6）为了突出建筑物主体，一般只画出建筑物的主要结构轮廓线，而次要轮廓线和细部构造省略不画或用示意图表示这些构造的位置、种类和作用。

（7）图中一般只标注建筑物的外形轮廓尺寸及定位尺寸、主要部位的高程、填挖方坡度等。

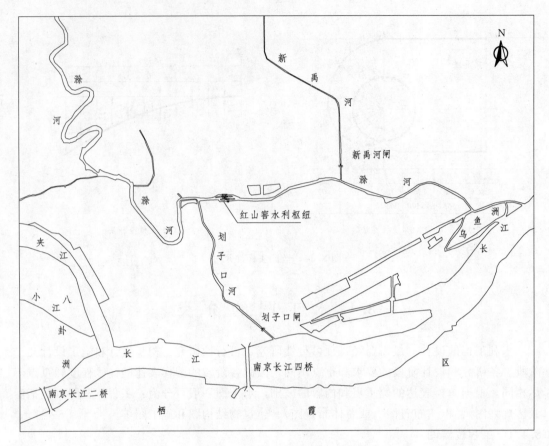

图 8.35 红山窑水利枢纽位置示意图

8.4.3 建筑结构图

结构图以表达枢纽中个体建筑物的结构布置为主 [见图 8.37～图 8.42（见文后）]。一般包括结构布置图、分部和细部构造图以及钢筋混凝土结构（或钢结构）图等，这类图通常数量较多，表达的内容如下。

（1）建筑物的结构形状、尺寸及材料。

（2）建筑物各构件的构造及分部、细部的构造、尺寸及材料。

（3）工程地质情况，地基处理方案及建筑物与地基的连接方式。

（4）相邻建筑物之间的连接方式。

（5）附属设备的位置。

（6）建筑物的工作条件，如上、下游各种设计水位、水面曲线等。

结构图必须把建筑物的结构形状、尺寸大小、材料及相邻结构的连接方式等都表达清楚。因此，视图所选用的绘图比例较大，一般为 1：5～1：200（在表达清楚的前提下，应尽量选用比较小的比例，以减小图纸的幅面）。

钢筋混凝土结构图的内容详见第 11 章。

8.4.4 施工图

施工图是表达水利工程施工组织和施工方法等内容的图样，如：反映施工场地布置的施工总平面布置图；反映施工导流方法的施工导流布置图；反映建筑物基础开挖和料场开挖的开挖图；反映混凝土分期分块的浇筑图；反映建筑物施工方法和流程的施工进程图等。

8.5 水 工 图 的 绘 制

绘制水工图样比阅读需要更多、更宽的基础和专业知识，因此对于初学者而言，一般可以从抄绘图样和补绘视图起步，了解水工结构的特点，熟悉常见水工建筑物的表达方法，并在初步掌握水工建筑物设计原理的基础上，达到设计绘图能力的逐步提高。尽可能多地接触和阅读已有的图样，是提高工程图样表达能力和拓宽设计思路的重要途径（水工图阅读方法见 8.6 节内容）。

绘制水工图样除了要遵循《技术制图》（GB/T 14689—2008、GB/T 10609.1—2008、GB/T 17450—1998、GB/T 14690—1993、GB/T 14691—1993、GB/T 14692—2008）的有关规定外，还应注意《水利水电工程制图标准》（SL 73.1—2013～SL 73.6—2013）和《港口工程制图标准》（JTJ 206—1996）中的行业特色要求和最新修订信息，这些标准会反映出水工图的行业特点和差异。

绘制水工图的一般步骤和方法如下：

（1）了解工程建筑物的概况、设计的主要参数、结构的特点。

（2）根据建筑物的结构特点，确定视图表达方案。

尽管水工建筑物类型众多，形式各异，其主体结构的图示方法有一定的规律和习惯：常见的过水建筑物（水闸、涵洞、船闸等），一般以纵剖视图、平面图、上下游立面图表达；大坝、水电站、码头等建筑物，一般以平面布置图、上下游（正）立面图、典型断面图表达。分部结构和结构细部主要以剖视图或断面图表达，其剖切方法和视图数量视结构情况和复杂程度而定。

对于抄绘图样练习，应先读懂图样，了解该建筑物的结构构成、表达特点、视图配置方法，设想、比较不同表达方法的优劣。

（3）选择适当的绘图比例布置图面。

（4）绘制各视图底稿，先画主体结构定位线，再画结构线，一般可以先不考虑线型，都以细实线表示。

（5）检查，修改后按图线的线形、粗细要求加深，画出剖视图中的材料符和其他图例、符号。

（6）标注尺寸，注写文字标题栏等。

8.6 水 工 图 的 阅 读

熟练地阅读工程图样是学习工程设计、画好工程图样的基础，是从事工程设计、施工、管理工作的基础。由于水工图内容广泛，大到水利枢纽的平面布置，小到结构细部的构造都需要表达；视图数量多且视图之间常不能按投影关系布置；图样所采用的比例多样且变化幅度大（如从1∶500到1∶5）；专业性强且涉及《水利水电工程制图标准》（SL 73.1—2013～SL 73.6—2013）或《港口工程制图标准》（JTJ 206—1996）的内容多等方面特点，阅读水工图一般宜采用以下的方法和步骤。

1. 总体了解

看有关专业介绍、设计说明书。按图纸目录，依次或有选择地对图纸进行粗略阅读。了解水利枢纽的名称和组成、各个建筑物的作用和工作原理；了解水工建筑物总体和分部采用了哪些表达方法、有哪些图纸。

2. 深入阅读

总体了解之后，还需要进一步仔细阅读，其顺序一般是由总体到分部、由主要结构到其他结构、由大轮廓到小局部，逐步深入。读水工图时，除了要运用形体分析法和线面分析法外，还需知道建筑物的功能和结构常识，运用对照的方法，如平面图、剖视图、立面图对照阅读，整体和细部对照阅读，图形、尺寸、文字对照阅读等。

（1）在阅读枢纽布置图时，一般以总平面图为主，与上下游立面图、典型断面图相互配合起来，搞清楚枢纽所在地的地形、地理方位、水系及交通等，分析各建筑物之间的相互位置关系。图中采用的简化画法、示意图例，可先了解它们的含义和位置，待阅读这部分结构图时再详细加以研究。

（2）在阅读建筑结构图时，若枢纽中有几个建筑物，可先看主要建筑物的结构图，再看其他建筑物的结构图。根据建筑结构图可详细了解建筑物的构造、形状、大小、材料及相互连接关系。对其中的附属设备，可先了解它的功能和作用，如需进一步详细了解时，再找有关的图样阅读。

3. 归纳总结

最后通过归纳总结，对枢纽（或建筑物）的组成、大小、形状、位置、功能、结构特点、材料构成等有一个完整和清晰的了解。

【例8.3】 阅读图8.43所示水闸结构布置图。

（1）水闸的功能及组成。水闸是在防洪、排涝、灌溉等方面应用很广的一种水工建筑物。通过闸门的启闭，可使水闸具有泄水和挡水的双重作用，以调节流量，控制上、下游水位。

水闸一般由三部分组成：

1）上游连接段：用以引导水流平顺地进入闸室，并保护上游河床及河岸不受冲刷。一般包括上游防冲槽（或齿坎）、铺盖、上游翼墙及两岸护坡等。

2）闸室：用以控制闸门启闭、连接两岸交通。它包括闸门、闸墩（中墩及边墩）、闸底板以及在闸墩上设置的交通桥、工作桥和闸门启闭设备等。

3）下游连接段：用以均匀地扩散水流，消除水流的能量，防止冲刷下游河岸及河床。包括消力池、海漫、下游防冲槽、下游翼墙及两岸护坡等。

（2）水闸工程概况。如图8.43所示水闸是一座修建于丘陵地区河道上的三孔水闸（闸室有三个过水孔），设有两个中墩和两个边墩（也称为岸墙），中墩上游端为半圆形、下游端为流线形，墩上有闸门槽和检修门槽。闸门为平板门，门的上方设有胸墙。在闸墩上面有交通桥，桥面高程为48.7m，直通两岸。工作桥设在交通桥下游侧，桥墩安置在闸

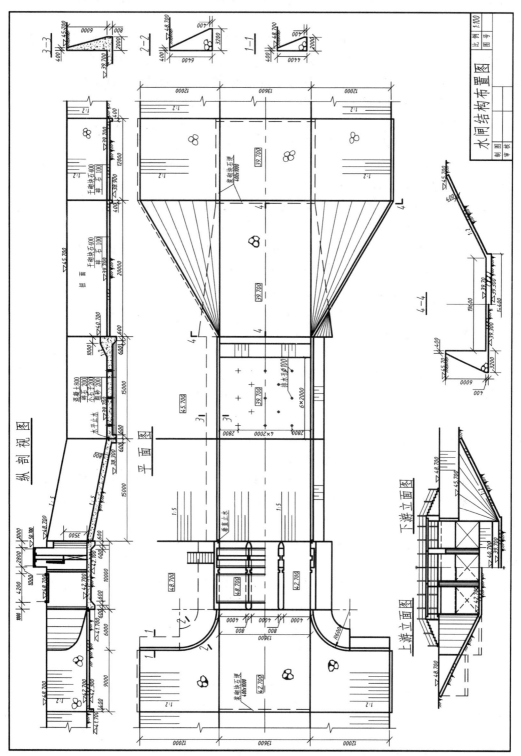

图 8.43 水闸结构布置图

墩和岸墙上，桥面高程为 50.7m，两端楼梯通向两岸道路。闸室底板为钢筋混凝土，前后设有齿坎，防止闸室滑移。

上游连接段底部为浆砌块石护面，上游侧设有防渗齿坎（浆砌块石埂）。两岸坡度 1∶2，浆砌块石护坡。连接闸室岸墙的是 1/4 圆弧翼墙，为浆砌块石的重力式结构，翼墙外侧各有两段高度低一些的重力式挡土墙。翼墙与闸室岸墙之间设有垂直止水。

下游连接段紧接闸室的下游侧，连接着一段 1∶5 的陡坡和消力池，其两侧为混凝土挡土墙，消力池材料为混凝土，底板上布置有 $\phi100$ 的排水孔，底板下铺设有反滤层，以防止地基土壤颗粒随渗透水流失。下游翼墙做成扭面形式，使过水断面由矩形断面逐步变化到边坡为 1∶2 的梯形断面，从而达到扩散水流的作用。海漫设浆砌块石与干砌块石两段，海漫末端设有防冲齿坎。

（3）图示方法。水闸主体用三个基本视图（纵剖视图、平面图、上下游立面图）和若干剖视图、断面图表达。

纵剖视图是沿水闸纵向轴线的铅垂面剖切得到，它表达水闸高度与长度方向的结构形状、大小、材料、相互位置，以及建筑物与地面的连接等。

平面图主要表达水闸各组成部分的平面布置、形状和大小。水闸结构对称，图中采用半掀开画法，把覆盖土层掀去，表达外形结构的平面布置。闸室采用半拆卸画法，拆去交通桥、工作桥面板，表达闸墩平面形状和布置。

上、下游立面图主要表达梯形河道断面及水闸上游端和下游端的结构布置和外观。由于视图对称，采用各画一半的合成剖视图表达。

1-1、2-2、3-3、4-4 断面图分别表达上游挡土墙、上游翼墙、下游消力池翼墙、扭面翼墙处断面的形状与尺寸大小。

图 8.44 为该水闸结构立体图。

【例 8.4】　阅读红山窑水利枢纽工程图。

（1）红山窑水利枢纽工程简介。红山窑水利枢纽工程是滁河流域重要枢纽控制性建筑物，位于南京市境内，距入江口 12.8km，控制保护面积 $1408km^2$，承担着抗旱、排涝、灌溉及航运等重要功能。

（2）红山窑水利枢纽工程组成及其功能。红山窑水利枢纽工程由泵站、节制闸、船闸三个部分组成。

泵站包括进水、出水、泵房等建筑物。进水建筑物包括引水渠道、前池、进水池等，其主要作用是衔接水源地与泵房，改善流态，减少水力损失，为主泵创造良好的引水条件。出水建筑物为出水池，出水池是连接压力管道和灌排干渠的衔接建筑物，起消能稳流作用。泵房是安装主机组和辅助设备的建筑物，是泵站的主体工程，其主要作用是为主机组和运行人员提供良好的工作条件。

节制闸主要有上游连接段、闸室、下游连接段组成，利用闸门启闭调节上、下游水位和下泄流量。

船闸由闸室、闸首、引航道及附属设施组成。船只上行时，先将闸室泄水，待室内水位与下游水位齐平，开启下游闸门，让船只进入闸室，随即关闭下游闸门，向闸室灌水，待闸室水面与上游水位相齐平时，打开上游闸门，船只驶出闸室，进入上游航道。下行时

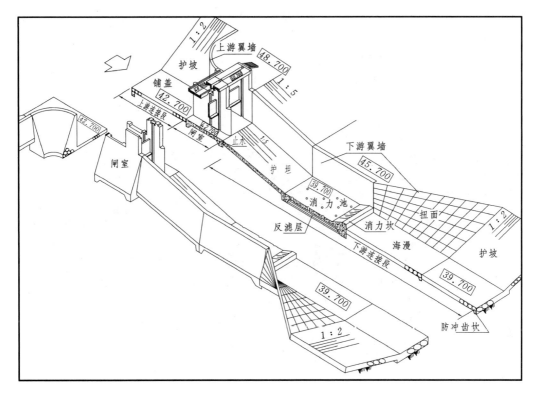

图 8.44 水闸结构立体图

则相反。

（3）图示方法。红山窑水利枢纽工程总平面布置图（图 8.36），表达了地形、地貌、河流、建筑物的平面位置，枢纽中泵站、节制闸、船闸三个主体建筑物外形尺寸、重要高程以及建筑物之间的关系。从图中可以看出，船闸位于左岸，闸首与闸室宽均为 12m，闸室长 100m，可通行 300t 级驳船；节制闸位于中间，共 6 孔，闸室总宽度 55.60m；泵站位于右岸，共装机 5 台套立式全调节轴流泵。

泵站结构 [图 8.37～图 8.39（见文后）] 采用平面图、纵剖面图、断面图等表达泵站的结构、尺寸及建筑材料等。从图中可以看出，泵站结构进水段与出水段河道两岸高程为 10.5m，边坡坡度均 1：2.5，边坡中间均有高程为 8m 的平台混凝土护坡，斜坡采用混凝土护坡或植草皮护坡；进出水道底部采用 C20 混凝土护底及钢筋混凝土护坦；泵站前池部位翼墙采用扶壁式结构，前池底部采用浆砌石护底并设置 1500mm×1500mm 的排水孔。

节制闸结构 [图 8.40～图 8.42（见文后）] 采用平面图、纵剖面图、上下游立面图等表达节水闸的结构、尺寸及建筑材料等。从图中可以看出，上游连接段底部为浆砌块石、钢筋混凝土护底，两岸导堤高程为 10.5m，边坡坡度为 1：2.5，斜坡采用 C20 混凝土护坡；连接闸室岸墙的是圆弧翼墙，为空箱扶壁式结构，翼墙与闸室岸墙之间设有水平止水；闸室由六孔组成，五个中墩和两个边墩（也称为岸墙），中墩上游端为流线形、下游端为半圆形，墩上有闸门槽和检修门槽；下游连接段紧接闸室的下游侧，连接着一段 1：4 的陡坡和消力池，其两侧为空箱式翼墙，消力池材料为钢筋混凝土，底板上布置有 φ50

的排水孔，底板下铺设有反滤层，以防止地基土壤颗粒随渗透水流失。

　　船闸结构采用平面图、纵剖面图、上下游立面图等表达船闸的结构、尺寸及建筑材料等。限于篇幅，本书未列出相应图纸。

　　图 8.45 为红山窑水利枢纽工程结构三维立体图。

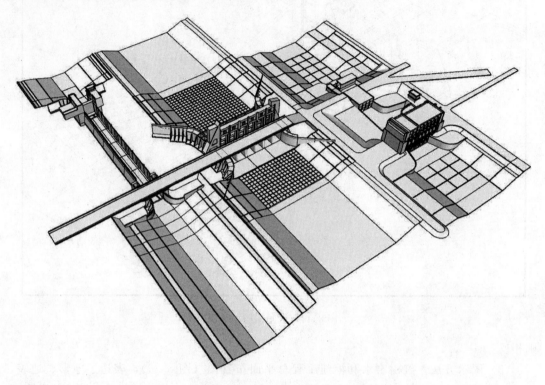

图 8.45　红山窑水利枢纽工程结构三维立体图

第9章 计算机绘图

计算机绘图被广泛地应用于土木、水利工程等行业，它也是计算机辅助设计、可视化、虚拟现实等现代信息技术的重要组成部分。AutoCAD 是具有代表性的交互式通用图形软件，具有很强的二维和三维图形生成、编辑、管理等功能，操作界面丰富，使用方便，便于二次开发，具有广泛的用户群和第三方软件开发的支撑。本章介绍 AutoCAD 2018（中文）版的使用方法，以使学习者了解和熟悉计算机图形生成技术。

9.1 AutoCAD 2018 绘图基础

9.1.1 工作界面

在 Windows 桌面双击 AutoCAD 2018 图标即可启动 AutoCAD 2018，初始进入 Auto CAD 2018 后的用户界面通常如图 9.1 所示。界面由标题栏、图形编辑区、命令输入提示窗口、坐标系图标、状态栏、下拉菜单等，还有光标、工具栏、快捷菜单等交互工具。此界面称为"草图与注释（Drafting & Annotation）"。

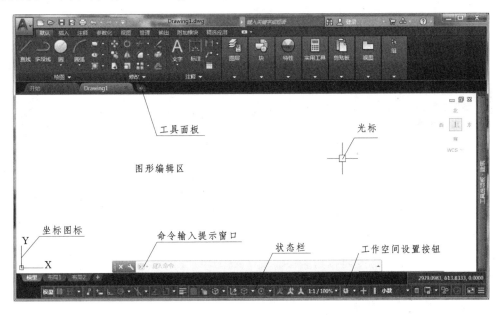

图 9.1 草图与注释界面

若需进入"AutoCAD 经典"界面，可选择工作空间设置按钮中的"自定义"，然后点击"传输"，接着点击右上角的📂，打开下载好的 acad.cuix，将右侧 AutoCAD 经典拖到左侧，左侧工作空间就出现"AutoCAD 经典"，点击应用确定；单击状态栏右侧的设

置按钮 ⚙ ，选择"AutoCAD 经典"，进入如图 9.2 所示的界面，此界面比较常用，本章介绍"AutoCAD 经典"界面绘图环境下的操作方法。

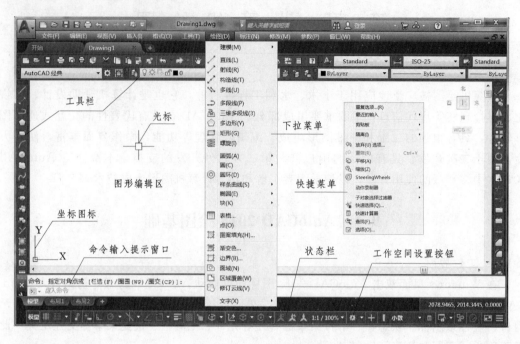

图 9.2　AutoCAD 经典界面

9.1.2　图形文件管理

AutoCAD 2018 图形文件名的后缀为".dwg"，用户为图形文件起名时无需键入后缀，初始的默认文件名为"Drawing1.dwg"。图形文件管理主要包括创建新图、打开旧图和保存图形文件等，可选择图 9.3 中的工具栏按钮；也可以拾取下拉菜单"A 文件（File）"的相应菜单项。

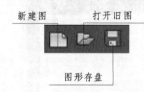

图 9.3　图形文件管理按钮

创建新图时在弹出的"选择样板（Select template）"对话框中选择"acadiso.dwt"为图形样板文件，再点击"打开（Open）"按钮就可开始新图绘制。打开旧图时在弹出的"选择文件（Select File）"对话框中选择图形文件名，再点击"打开（Open）"按钮即可。保存图形时在弹出的"图形另存为（Save Drawing As）"对话框中键入图形文件名，再点击"保存（Save）"按钮即可。退出 AutoCAD 2018 时只要点击界面（图 9.2）右上角的关闭按钮 X 或"A 文件（File）→退出 Autodesk AutoCAD 2018（Exit）"。

9.1.3　常用功能键和鼠标键

AutoCAD 2018 常用功能键主要有：

ESC　　　　取消、中断正在执行的命令

F1　　　　　激活 HELP 命令

F2　　　　　图形与文本窗口转换键

空格　　　　一般情况下等同于回车键

鼠标键主要有：

左键　　　　确定，选择菜单项，拾取点

右键　　　　产生快捷菜单

滚轮　　　　转动滚轮缩放屏幕显示大小；按下滚轮并拖动光标，平移显示窗口

9.1.4　交互式操作

用 AutoCAD 2018 绘图是用户与 AutoCAD 进行对话的过程，每个绘图的进程通过键入命令开始，并对随后的命令提示作出适当响应，完成图形绘制。命令和响应提示的内容方式和方法是多样的，需要根据作图和不同进程要求来确定。

键入命令：当命令提示窗口显示"键入命令"时，即处在等待接受命令的状态，这时可输入有关命令。键入命令可采用单击工具栏按钮、下拉菜单项、键盘键入命令和快捷菜单等方法。若以回车键响应则重复输入上一个命令。

输入图形坐标：屏幕坐标系的初始约定为 X 正向水平向右，Y 正向竖直向上，坐标单位通常用 mm，绘图时一般以图形的实际尺寸输入，绘图幅面可任意大小。

当命令提示窗口提示"指定第一个点："时，可移动十字光标到图形窗口的适当位置单击鼠标左键，则光标所确定的位置即为输入点坐标；当绘制精确图形时，可用键盘键入点的坐标，常用的坐标输入格式有下面几种：

1）绝对直角坐标方式：X，Y。

2）绝对极坐标方式：距离＜角度。

3）相对直角坐标方式：@ΔX，ΔY。

4）相对极坐标方式：@距离＜角度。

9.1.5　常用绘图命令与视窗缩放

1. 直线（Line）命令

Line 命令用于绘制直线段及直线多边形。单击绘图工具栏按钮，输入直线命令，操作过程如下：

键入命令：line↙

指定第一个点：　　　　　　　　　　　　　　　　　（指定首段直线段起点）

指定下一个点或［放弃（U）］：　　　　　　　　　（指定首段直线段第二点）

指定下一个点或［放弃（U）］：　　　　　　　　　（指定第二段直线段终点）

⋮

指定下一个点或［闭合（C）放弃（U）］：　↙　　　（绘图结束）

其中，"放弃（U）"：画线过程中可响应 U，以取消上一线段；"闭合（C）"：当第二段直线段画完后该选项才出现，若响应 C，使多边形闭合，并结束命令。

2. 圆（Circle）命令

圆（Circle）命令用于绘制圆，AutoCAD 2018 提供了 6 种画圆方式的子菜单，图 9.4 为圆（Circle）命令的子菜单。单击绘图（Draw）工具栏按钮，输入画圆命令，操作过程如下：

（1）圆心半径画圆。

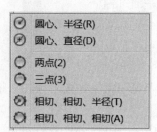

图 9.4　圆（Circle）命令的子菜单

键入命令：Circle ✓
指定圆的圆心或［三点(3P)　两点(2P)　切点、切点、半径(T)］：　　　　　　（给出圆心）
指定圆的半径或［直径(D)］：　　　　　　　　　　　　　　　　　　　　　（给出半径）

（2）圆心直径画圆。

键入命令：Circle ✓
指定圆的圆心或［三点(3P)　两点(2P)　切点、切点、半径(T)］：　　　　　　（给出圆心）
指定圆的半径或［直径(D)］：D ✓　　　　　　　　　　　　　　　　　（指定输入直径）
指定圆的直径：　　　　　　　　　　　　　　　　　　　　　　　　　　　（给出直径）

（3）三点画圆。

键入命令：Circle ✓
指定圆的圆心或［三点(3P)　两点(2P)　切点、切点、半径(T)］：3P✓　　　（指定三点画圆）
指定圆上的第一个点：　　　　　　　　　　　　　　　　　（给出圆上第一个点）
指定圆上的第二个点：　　　　　　　　　　　　　　　　　（给出圆上第二个点）
指定圆上的第三个点：　　　　　　　　　　　　　　　　　（给出圆上第三个点）

（4）两点画圆。

键入命令：Circle ✓
指定圆的圆心或［三点(3P)　两点(2P)　切点、切点、半径(T)］：2P✓　　　（指定两点画圆）
指定圆直径的第一个端点：　　　　　　　　　　　　　　（给出圆直径第一个端点）
指定圆直径的第二个端点：　　　　　　　　　　　　　　（给出圆直径第二个端点）

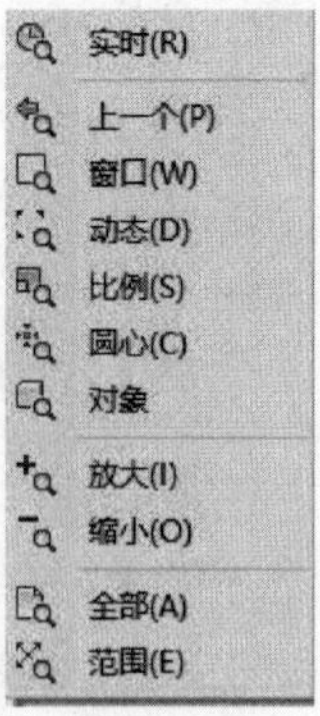

此外，圆（Circle）命令中的"相切、相切、半径"用于作两已知对象的相切圆；"相切、相切、相切"用于作三已知对象的相切圆。

3. 缩放（Zoom）命令

缩放（Zoom）命令用于图形显示的缩放操作，以改变显示图形的区域或大小。它只改变图形的显示大小，不改变图形的实际尺寸。其下拉菜单为：视图（V）→缩放（Z），图 9.5 是缩放（Zoom）命令下拉菜单。缩放（Zoom）命令选项较多，常用的有实时缩放、窗口缩放和缩放上一个等。输入缩放命令，操作过程如下：

图 9.5　缩放（Zoom）命令下拉菜单

键入命令：Zoom ✓

［全部（A）中心（C）动态（D）范围（E）上一个（P）比例（S）窗口（W）对象（O）]＜实时＞：

4．平移（Pan）命令

平移（Pan）命令用于改变图形窗口的显示区域。其下拉菜单：视图（V）→平移（P），单击平移图标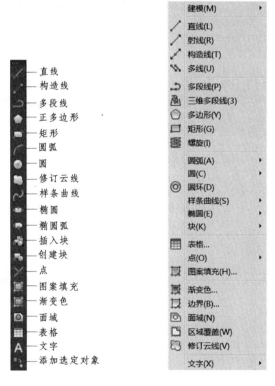，光标成手形。按住鼠标左键，移动光标，即可平移显示窗口。与按下滚轮并拖动光标作用相同。退出平移，可以按 Esc 键、Enter 键或单击鼠标右键在快捷菜单中选择 Exit 选项。

9.2　绘图命令和绘图工具

绘图命令是生成图形对象的基本命令，AutoCAD 提供了多种直线、简单图形生成功能，图 9.6、图 9.7 分别是绘图工具栏和绘图菜单。

图 9.6　绘图工具栏　　　图 9.7　绘图菜单

9.2.1　文字命令

文字命令用于书写文字，并可设置不同的文字样式。AutoCAD 中有单行文字和多行文字两种书写方式。

1．文字样式

文字样式用于设置书写文字的字体和外观，默认文字样式为 Standard，可按需要修改标准样式或定义新的文字样式名。

选择菜单"格式→文字样式"或单击文字工具栏按钮 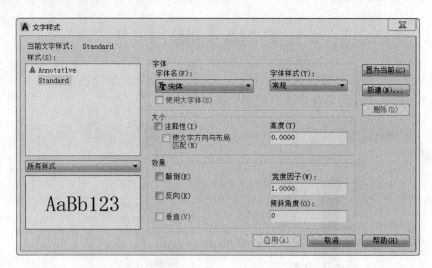，弹出"文字样式"对话框（图 9.8），主要设置内容如下：

新建　建立新的文字样式名称，按要求设置相应字体、大小、效果等。

效果　为文字样式设置参数：颠倒、反向、垂直、宽度因子、倾斜角度。

应用　样式设置确认。

"高度"一般取省略值 0，若此处指定字高，书写文字时不再提示输入字高。

图 9.8　文字样式对话框

2. 单行文字

单行文字命令以单行方式注写文字，每一行都是一个独立对象。按回车键可结束一行文字转入下一行文字。

（1）操作格式。

选择菜单"绘图→文字→单行文字"或单击文字工具栏按钮，输入单行文字，操作过程如下：

键入命令：text 或 dtext
当前文字样式："Standard"　文字高度：2.5000　注释性：否　对正　左
指定文字的起点 或[对正(J)/样式(S)]：
指定高度＜2.5000＞：
指定文字的旋转角度＜0＞：

输入文字，按回车换行，再按回车结束命令。

（2）说明。

1）"对正"用于设置文字的定位方式，响应 J 选项后提示为：

输入选项分别为：[左(L)/居中(C)/右(R)/对齐(A)/中间(M)/布满(F)/左上(TL)/中上(CL)/右上(CR)/左中(ML)/正中(MC)/右中(MR)/左下(BL)/中下(BC)/右下(BR)]。

2）"样式"用于选择已定义的文字样式名。

3）常用的特殊字符输入格式如下：

％％o——打开或关闭文字上划线

％％u——打开或关闭文字下划线

％％d——度数"°"符号

％％p——公差"±"符号

％％c——圆直径"ø"符号。

例如要书写"45°"，只要输入"45％％d"。

3．多行文字

多行文字用于注写较长的段落文字。当书写的文字超出设定宽度时，将自动换行。

选择菜单"绘图→文字→多行文字"或绘图工具栏按钮 **A**，输入多行文字命令。操作内容和过程如下：

键入命令：mtext
当前文字样式："Standard"　文字高度：　2.5000　注释性：　否
指定第一角点：　　　　　　　　　　　　　　　　　（指定文字行宽度的第一角点）
指定对角点或[高度(H)/对正(J)/行距(L)/旋转(R)/样式(S)/宽度(W)/栏(C)]：
　　　　　　　　　　　　　　　　　　　　　　　　（指定文字行宽度的第二角点）

弹出"文字格式"工具栏和文字编辑窗口，如图 9.9 所示。

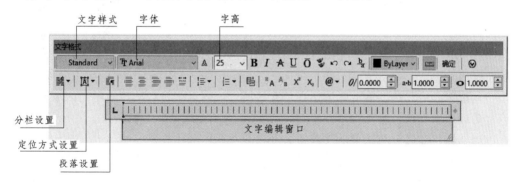

图 9.9　文字格式及文字编辑窗口

4．文字修改

选择菜单"修改→对象→文字→编辑"或单击文字工具栏按钮，也可直接双击要编辑的文字，弹出文字编辑窗口进行修改。

9.2.2　图案填充命令

图案填充命令用于在封闭区域内填充图案和渐变色。选择菜单"绘图→图案填充"或单击绘图工具栏按钮，弹出"图案填充和渐变色"对话框，见图 9.10。该对话框包含图案填充和渐变色两个选项卡。单击右下角的"更多选项"按钮，可以设置孤岛等其他参数。

图案填充选项卡中的主要内容如下：

（1）类型和图案。从"图案"的下拉列表中选择图案名；也可以单击 按钮或"样例"图标，在弹出的"填充图案选项板"中选择一种图案。

图 9.10　图案填充和渐变色对话框

（2）角度和比例。输入填充图案的角度和比例。为获得合适的填充效果，通常需要调试填充比例。

（3）添加：拾取点。单击此按钮在填充区域选一内点，将自动搜索填充区域边界。采用该方式选择边界进行填充比较方便。

（4）添加：选择对象。单击此按钮交互选择填充区域边界。

（5）关联。勾选时图案与边界关联，填充的图案区域随边界改变而变化。

在图形中双击"图案对象"，将弹出"图案填充和渐变色"对话框，可修改图案类型、参数，不可修改边界。

9.2.3　尺寸标注

尺寸用以表示物体各部分的大小和相对位置。

尺寸标注功能由一组尺寸标注命令和尺寸样式管理器组成。图 9.11 和图 9.12 分别是尺寸标注工具栏和尺寸标注菜单。

1. 线性和对齐标注

线性标注用于标注水平、竖直的线性尺寸。对齐标注用于标注任意倾角的斜线尺寸。

图 9.13（a）为线性标注，图 9.13（b）为对齐标注，线性标注和对齐标注的命令不同，但标注方法相同。线性尺寸标注方法如下：

键入命令：dimlinear
指定第一个尺寸界线原点或＜选择对象＞：　　　　　　　　　　　　　　　　　（拾取点 A）
指定第二条尺寸界线原点：　　　　　　　　　　　　　　　　　　　　　　　　（拾取点 B）

指定尺寸线位置或

[多行文字(M)/文字(T)/角度(A)/水平(H)/垂直(V)/旋转(R)]:　　　　　　　(拾取点 C)

标注文字＝25　　　　　　　　　　　(自动标注 AB 两点间距离的测量值)

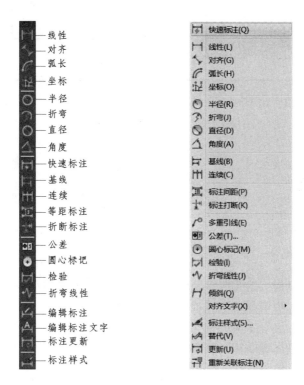

图 9.11　尺寸标注工具栏　　　　图 9.12　尺寸标注菜单

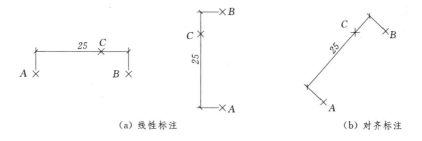

(a) 线性标注　　　　　　　　　　　(b) 对齐标注

图 9.13　线性标注和对齐标注

2. 基线标注和连续标注

基线标注是使两个尺寸共用第一条尺寸界线的标注，连续标注是使第一个尺寸的第二条尺寸界线与第二个尺寸的第一条尺寸界线共有。

如图 9.14 所示，先标注尺寸 11，进行基线标注时，指定尺寸 11 为基准尺寸，再标注出尺寸 22、32、41 [图 9.14 (a)]；进行连续标注时，指定尺寸 11 为基准尺寸，标注出尺寸 10、11、9 [图 9.14 (b)]。

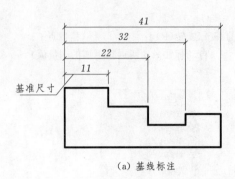
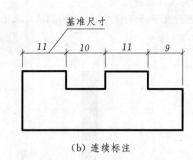

（a）基线标注　　　　　　　　　　　　　（b）连续标注

图 9.14　基线标注和连续标注

3．直径标注

键入命令：dimdiameter

选择圆弧或圆：　　　　　　　　　　　　　　（选择圆，在圆上指定点 P_1，如图 9.15 所示）

标注文字＝25

指定尺寸线位置 或 or［多行文字(M)/文字(T)/角度(A)］：　（指定点 P_2 为尺寸线位置）

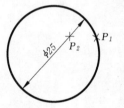

图 9.15　标注圆的直径

4．创建新标注样式

尺寸样式可用来控制尺寸标注各个组成部分的外观，如箭头样式、文字位置、使用单位、精度等。

尺寸样式可由标注样式管理器创建和修改。选择菜单"标注→标注样式"或单击"标注"工具栏按钮，弹出"标注样式管理器"（图 9.16）。

在标注样式管理器中单击"新建"按钮将弹出"创建新标注样式"对话框（图 9.17）。下面举例说明如何建立一个新的尺寸样式并介绍相应的参数设置。

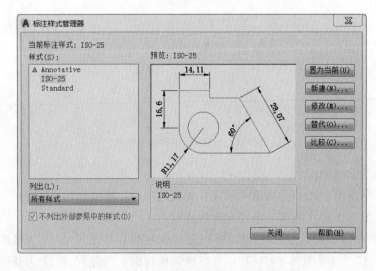

图 9.16　"标注样式管理器"对话框

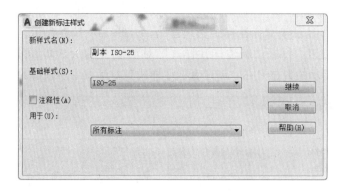

图 9.17 "创建新标注样式"对话框

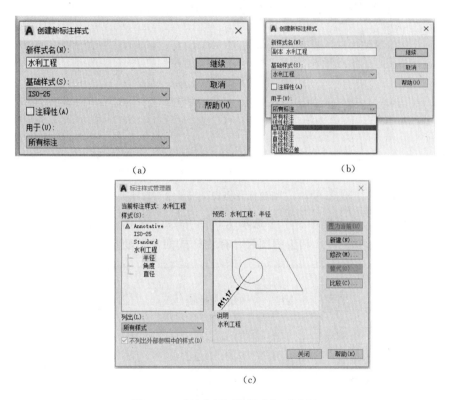

（a）   （b）

（c）

图 9.18 "创建新标注样式"对话框

（1）在"新样式名"框中输入新建的尺寸标注样式名称，如"水利工程"，如图 9.18（a）所示。

（2）在"基础样式"下拉列表框中选择已有样式作为模板，如"ISO-25"。

（3）在"用于"下拉列表框中指定用于哪些类型尺寸标注。用于"所有标注"选项，可指定该类型为母样式，如图 9.18（a）所示样式"水利工程"为母样式。用于"线性标注""角度标注""半径标注""直径标注"等选项可创建与已有样式关联的子样式，使母样式适用于各种标注，子样式适用于某类标注，而子样式"半径""角度"和"直径"只须设置与母样式不同的变量，分别适用于半径、角度和直径标注。如图 9.18（b）所示，新样式名为"副本 水利工程",基础样式是"水利工程",用于子样式"角度"。母样式、子样式的层级关系将显示于"标注样式管理器",如图 9.18 (c) 所示。

单击"继续"按钮,打开"新建标注样式"对话框(图 9.19),可以定义新样式的特性。此对话框最初显示的数据是在"创建新标注样式"对话框中所选择的基础样式的特性。

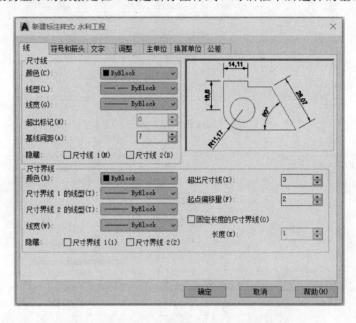

图 9.19 "新建标注样式"与"线"选项卡

"新建标注样式"对话框中有 7 个选项卡,图 9.19、图 9.20、图 9.21、图 9.22、图 9.23 是其中的 5 个选项卡,水利工程图尺寸标注样式的主要变量设置见图中所设。

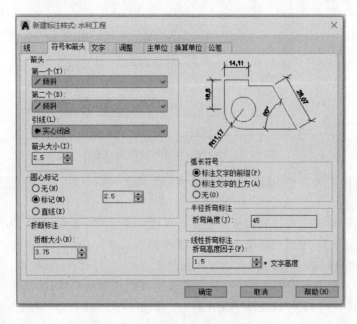

图 9.20 "符号和箭头"选项卡

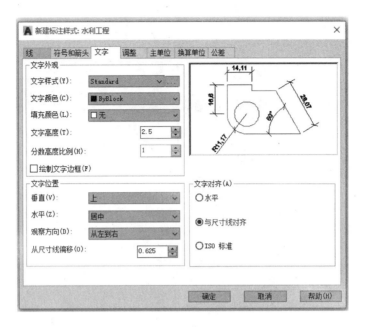

图 9.21 "文字"选项卡

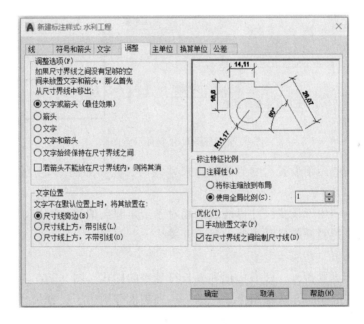

图 9.22 "调整"选项卡

1. "线"选项卡（图 9.19）

（1）"尺寸线"选项组。

超出标记——用于设置尺寸线超出尺寸界线的长度，如图 9.24 所示。

基线间距——用于设置使用基线标注时，各尺寸线之间的距离，如图 9.24 所示。

（2）"尺寸界线"选项组。

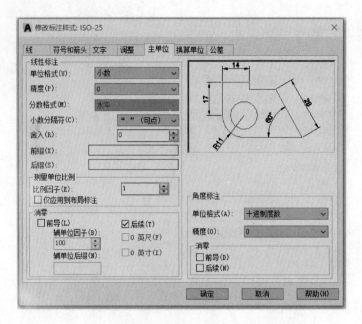

图 9.23 "主单位"选项卡

图 9.24 部分尺寸变量示意图

超出尺寸线——用于设置尺寸界线超出尺寸线的长度，如图 9.24 所示。一般该值为 2～3mm。

起点偏移量——用于设置尺寸界线起点相对于给定起点偏移的距离，如图 9.24 所示。

隐藏——用于控制两条尺寸界线的显示开关。

2. "符号和箭头"选项卡

此选项卡用于设置箭头、圆心标记和弧长符号等的样式（图 9.20）。

"箭头"（尺寸起止符）选项组中，三个下拉列表框分别用于设置尺寸线第一端点、第二端点和引出标注的引出线端点的起止符号类型。AutoCAD 中提供了多种符号供选择，工程图中常用的有（图 9.25）：

实心闭合　　（机械图常用）

倾斜　　　　（水利工程图常用）

建筑标记　　（土木工程图常用）

3. "文字"选项卡（图 9.21）

（1）"文字外观"选项组。

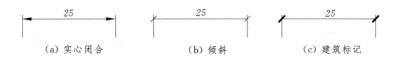

图 9.25 常用尺寸起止符号

1）文字样式——可以点击下拉选项或 ⋯ 选择合适的文字样式。

2）文字高度——用于设置尺寸文字的字高，一般不改变默认设置。

3）与尺寸线对齐——与尺寸线平行标注文字。

4）ISO 标准——按 ISO 制图标准标注尺寸文字，即尺寸文字在尺寸界线内时与尺寸线平行标注，在尺寸界线外时水平标注。

（2）"文字位置"选项组。

1）垂直——用于设置尺寸数字沿尺寸线垂直方向的位置，一般设置为"上"。

2）水平——用于设置尺寸数字沿尺寸线方向的位置，一般设置为"居中"。

3）观察方向——用于设置尺寸文字的书写与阅读方向，从左到右还是从右到左阅读。中英文均应设置为"从左到右"。

4）从尺寸线偏移——用于设置尺寸数字在尺寸线上方时，尺寸文字底部到尺寸线的距离。或者当尺寸线断开时，尺寸文字周围的距离。

（3）"文字对齐"选项组。用于设置尺寸文字的书写方向。

1）水平——选择此项，水平标注文字。

2）与尺寸线对齐——选择此项，与尺寸线平行标注文字。

3）ISO 标准——选择此项，按 ISO 制图标准标注尺寸文字，即尺寸文字在尺寸界线内时与尺寸线平行标注，在尺寸界线外时水平标注。

4．"调整"选项卡（图 9.22）

使用全局比例——选择此项则使用整体比例，即所有尺寸要素的大小及位置值都乘上比例因子。比例因子在右侧的数据框中设置。该比例只调整尺寸标注要素的几何大小，不改变尺寸标注的测量值。

5．"主单位"选项卡（图 9.23）

比例因子——用于为线性尺寸设置一个比例因子。标注的尺寸数值是测量值与该比例因子的乘积，它可实现在按不同比例绘图时，直接标注出形体的实际尺寸。

9.2.4　绘图工具

绘图中，直接用光标在屏幕上精确定位较为困难，逐点输入点坐标则效率太低，而AutoCAD 提供了一些快捷作图的工具，利用绘图工具可最大限度地减少点坐标输入，有快速定位和快捷作图作用。

常用绘图工具有网格捕捉和显示、正交开关、极轴和对象追踪、对象捕捉等，其开关状态在状态栏显示，如图 9.26 所示。开关按钮蓝色显示为开，灰色显示为关，左键单击按钮即可打开或关闭工具。

栅格捕捉用于约束光标落在网格点上；栅格显示用于显示网格；正交开关用于约束光标在设定的坐标轴（一般为水平或垂直）方向移动；极轴和对象追踪用于在设定角度的方

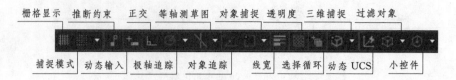

图9.26 绘图工具开关

向显示追踪（虚）线、线段长度和极角；对象捕捉用于捕捉已有对象的特征点。

选择菜单"工具→绘图设置"，即可打开"草图设置"对话框，该对话框有七个选项卡，图9.27为"对象捕捉"选项卡，功能与捕捉工具栏相似，其他工具的使用可参见相关操作手册。对象捕捉工具用于交互捕捉对象的端点、中点、交点、圆心等特征点，当勾选了所要捕捉的特征点类型，并且"对象捕捉"开关蓝色显示时，绘图过程中会自动捕捉该类特征点。

在绘图中要求指定一点时，先选择捕捉工具栏某一按钮，然后把光标移到对象的特征点附近时，就会显示该特征点的图标。

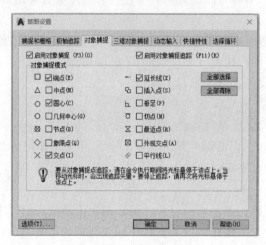

图9.27 "对象捕捉"选项卡

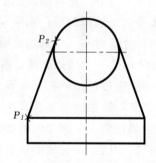

图9.28 用指定对象捕捉方式绘图

【例9.1】 用指定对象捕捉方式，绘制图9.28中的切线 P_1P_2。

解： 假设该图的矩形和圆已完成，作直线 P_1P_2 的操作如下：

命令：_line
指定第一点： （单击捕捉工具栏的交点按钮，设置捕捉交点并在 P_1 附近拾取一点）
指定下一个点 或[放弃(U)]：
　　　　　　　　　　（单击捕捉工具栏的切点按钮，设置捕捉切点并在 P_2 附近拾取一点）
指定下一个点 或[放弃(U)]： （按回车结束命令）

9.3 图形编辑方法

图形编辑是对已有图形实体进行修改、复制等操作，熟悉图形编辑（修改）操作是快速构图的基础。图9.29和图9.30分别是修改工具栏和修改菜单。

图 9.29　修改工具栏　　　　图 9.30　修改菜单

9.3.1　对象选择

图形修改都是对已有对象进行的，执行编辑操作时，系统将提示"选择对象:"，用拾取框选择各对象，就可修改图形。选择对象的操作是连续的，要结束对象选择，按 Enter或右击鼠标即可。选择对象方式有多种，要查看所有方式，可在"选择对象:"提示下输入"?"，调出选项：需要点或窗口（W）/上一个（L）/窗交（C）/框（BOX）/全部（ALL）/栏选（F）/圈围（WP）/圈交（CP）/编组（G）/添加（A）/删除（R）/多个（M）/前一个（P）/放弃（U）/自动（AU）/单个（SI）/子对象（SU）/对象（O）。

默认的自动选择方式是最常用的，其操作方法是：

（1）用拾取框在所选对象上拾取一点，该对象即被选中，选中的对象会亮显（显示成虚线），每次只选取一个对象，可连续多次拾取。

（2）在屏幕空白处拾取第一点并移动光标形成一个矩形窗口后再拾取第二点，则与窗口相关的对象被选中（在拾取第一点后，向右移动光标形成的是实线窗口，选中的是窗口内的对象；在拾取第一点后，向左移动光标形成的是虚线窗口，选中的是窗口内以及与窗口相交的对象）。

反选方法：当已经完成选择一组对象时，发现选中的对象中有多选的对象，按住Shift 键的同时选择该对象，可实现在选中的对象中去除不需要选择的对象。

9.3.2　移动图形的方法

1. 移动（Move）命令

移动（Move）命令用于将选中的对象移动到指定的新位置（图 9.31）。移动（Move）命令的工具栏按钮为，其下拉菜单命令为：修改（M）→移动（V），移动命令操作过程

如下：

键入命令：Move ↙
选择对象：指定对角点：找到 2 个　　　　　　（拾取 P_1、P_2 为选择对象窗口，选中 2 个对象）
选择对象：↙
指定基点或[位移(D)]<位移>：　　　　　　　　　　　　　　　　（拾取 P_3 为基点）
指定第二个点或<使用第一个点作为位移>：　　　　　　　　　　（拾取 P_4 为新位置点）

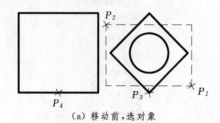

（a）移动前，选对象　　　　　　　　　（b）移动后

图 9.31　移动对象

2. 旋 转 （Rotate） 命 令

旋转（Rotate）命令用于把对象绕着旋转中心转动一定角度到新位置（图 9.32）。旋转（Rotate）命令的图标按钮为 ◌，其下拉菜单命令为：修改（M）→旋转（R），旋转命令操作过程如下：

键入命令：Rotate ↙
选择对象：　　　　　　　　　　　　　　　　　　　　　　　（选择对象）
指定基点：　　　　　　　　　　　　　　　　　（拾取点 P_1 为旋转中心）
指定旋转角度，或[复制(C)参照(R)]：60 ↙　　　　　　（输入旋转角度）

9.3.3　缩放图形的方法

1. 缩放 （Scale） 命 令

缩放（Scale）命令用于对象按比例缩小或放大（图 9.33）。比例因子小于 1，则缩小对象；比例因子大于 1，则放大对象。缩放（Scale）命令的图标按钮为 ▯，其下拉菜单命令为：修改（M）→缩放（L），缩放命令操作过程如下：

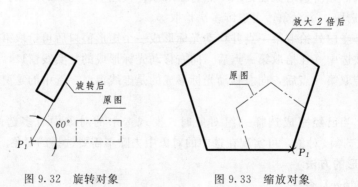

图 9.32　旋转对象　　　　　　　图 9.33　缩放对象

键入命令：Scale ↙
选择对象：　　　　　　　　　　　　　　　　　　　　　　　（选择对象）

指定基点：　　　　　　　　　　　　　　　　　　　　　（拾取点 P_1 为缩放基点）

指定比例因子或［复制(C)参照(R)］:2✓　　　　　　　　　（指定比例因子）

2. 拉伸（Stretch）命令

拉伸（Stretch）命令用于对象部分拉长或压缩到指定的位置（图 9.34），执行该命令时，必须用交叉窗口来选择拉伸对象，位于窗口内的端点将被移动。拉伸（Stretch）命令的图标按钮为 🔲，其下拉菜单命令为：修改（M）→拉伸（H），拉伸命令操作过程如下：

键入命令：Stretch ✓

选择对象：　　　　　　　　　　　　（拾取 P_1 与 P_2 或 P_1 与 P_5 为选择对象窗口）

指定基点或［位移(D)］＜位移＞：　　　　　　　　　　（指定拉伸基点 P_3）

指定第二个点或＜使用第一个点作为位移＞：　　　　　　　（指定目标点 P_4）

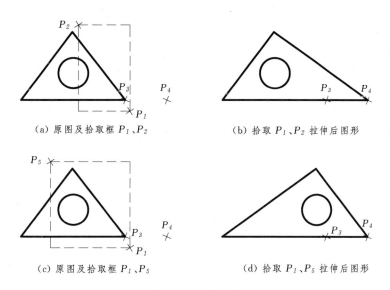

（a）原图及拾取框 P_1、P_2　　　　　　　（b）拾取 P_1、P_2 拉伸后图形

（c）原图及拾取框 P_1、P_5　　　　　　　（d）拾取 P_1、P_5 拉伸后图形

图 9.34　拉伸对象

注意：圆或椭圆不能被拉伸。当圆心在交叉窗口内时，对象将被移动。

9.3.4　复制图形的方法

1. 复制（Copy）命令

复制（Copy）命令用于复制新对象到指定位置。通常默认为多次复制，也可一次复制。复制（Copy）命令的图标按钮为 🔳，其下拉菜单命令为：修改（M）→复制（Y），复制命令操作过程如下：

键入命令：Copy ✓

选择对象：　　　　　　　　　　　　　　　　　　　　　（选择对象）

指定基点或［位移(D)模式(O)］＜位移＞：　　　　　　　（指定复制基点）

指定第二个点或［阵列(A)］＜使用第一个点作为位移＞：　（指定新位置点）

　　⋮

指定第二个点或［阵列(A)退出(E)放弃(U)］＜退出＞：　✓　　　（复制结束）

177

2. 镜像 (Mirror) 命令

镜像 (Mirror) 命令是将对象按指定的镜像线进行镜像复制, 是产生对称图形的命令 (图 9.35)。镜像 (Mirror) 命令的图标按钮为 ![icon]，其下拉菜单命令为: 修改 (M)→镜像 (I), 镜像命令操作过程如下:

键入命令:Mirror ⤶
选择对象:指定对角点:找到 6 个　　　　　　　　　　　　　　(拾取 P_1 与 P_2 为选择对象窗口)
选择对象: ⤶
选择对象:指定镜像线的第一个点:　　　　　　　　　　　　(指定镜像线第一点 P_3)
指定镜像线的第二个点:　　　　　　　　　　　　　　　　(指定镜像线第二点 P_4)
要删除源对象吗?〔是(Y)否(N)〕<否>:⤶　　　　　　　(若选"Y"则删除原对象)

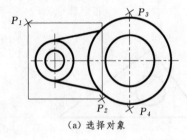 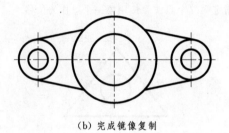

　　　　(a) 选择对象　　　　　　　　　　　　　　　　(b) 完成镜像复制

图 9.35　镜像复制

3. 偏移 (Offset) 命令

偏移 (Offset) 命令用于直线、圆、多段线、样条线等对象按指定距离复制或生成一个与原对象相似、等距的新对象 (图 9.36)。偏移 (Offset) 命令的图标按钮为 ![icon]，其下拉菜单命令为: 修改 (M)→偏移 (S), 偏移命令操作过程如下:

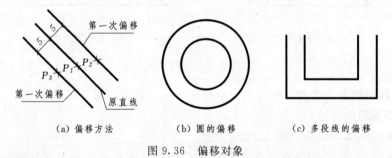

　(a) 偏移方法　　　　　　　(b) 圆的偏移　　　　　(c) 多段线的偏移

图 9.36　偏移对象

键入命令:Offset ⤶
当前设置:删除源=否　图层=源　OFFSETGAPTYPE=0
指定偏移距离或〔通过(T)删除(E)图层(L)〕<通过>:5 ⤶　　　　　　　(指定偏移距离)
选择要偏移的对象,或〔退出(E)放弃(U)〕<退出>:　　　　(拾取原对象上任意一点 P_1)
指定要偏移的那一侧上的点,或〔退出(E)多个(M)放弃(U)〕<退出>:
　　　　　　　　　　　　　　　　　　　　　　　　　(在偏移侧任意拾取一点 P_2)
选择要偏移的对象,或〔退出(E)放弃(U)〕<退出>:　　　　(拾取原对象上任意一点 P_1)
指定要偏移的那一侧上的点,或〔退出(E)多个(M)放弃(U)〕<退出>:
　　　　　　　　　　　　　　　　　　　　　　　　　(在偏移侧任意拾取一点 P_3)

  ⋮   （重复偏移命令至结束）

选择要偏移的对象,或［退出(E)放弃(U)］<退出>: ↙   （偏移结束）

9.3.5　删除和修剪图形的方法

  1. 删除（Erase）命令

  删除（Erase）命令用于对已有对象的删除，图标按钮为▨，其下拉菜单命令为：修改（M）→删除（E），删除命令操作过程如下：

键入命令:Erase↙

选择对象: （选择删除对象）

  ⋮   （连续选择删除对象）

选择对象: ↙   （结束对象选择并完成删除）

  2. 修剪（Trim）命令

  修剪（Trim）命令用于将所选对象在指定的修剪边界断开，并删除修剪边界指定侧的部分（图9.37）。修剪（Trim）命令的图标按钮为▨，其下拉菜单命令为：修改（M）→修剪（T），修剪命令操作过程如下：

键入命令:Trim↙

当前设置:投影=UCS,边=无

选择对象或<全部选择>:   （选择修剪边）

［栏选(F)窗交(C)投影(P)边(E)删除(R)放弃(U)］:   （选择要修剪的对象）

［栏选(F)窗交(C)投影(P)边(E)删除(R)放弃(U)］: ↙ （完成修剪）

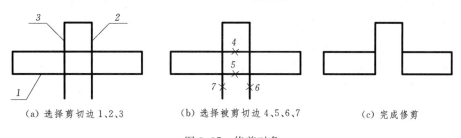

（a）选择剪切边1、2、3   （b）选择被剪切边4、5、6、7   （c）完成修剪

图9.37　修剪对象

9.4　图　　层

9.4.1　图层（Layer）和图层特性管理器

  为了便于图形实体的组织管理，常将不同类型的图形实体（如粗实线、细实线、虚线、点画线、文字等）赋予不同的图层，以区分不同的颜色、线型和线宽。

  图层具有约定的层名、颜色、线型和线宽，其相当于透明纸，每一张包含不同内容的透明纸以同一坐标系统和约定的线型、颜色叠合在一起，就可得到完整的图样，这不仅便于图形的管理和修改，也便于分类图形的不同组合。

  开始新图时，系统建立一个默认图层，即"0"层，其颜色为白色，线型为实线，线宽为默认，"0"层不可删除和改名，其颜色、线型和线宽可更改。其他图层由用户命名并设置颜色、线型和线宽等。一张图样可以设置多个图层，但是所绘对象总是在当前图层上，绘图时可以通过改变当前层或移层的方法使图线绘制在相应的图层上。

选择下拉菜单：格式（Format）→图层（Layer）或单击工具栏按钮（图层特性🗒），弹出如图 9.38 所示的"图层特性管理器（Layer Properties Manager）"，单击图层特性管理器中对应图层的一个图标，可以设置颜色、线型、线宽和其他特性。各图标的具体说明如下：

（1）打开💡、关闭💡图层：被关闭的图层上对象不可见，但仍参与屏幕缩放运算。

（2）解冻☀、冻结❄图层：被冻结的图层上对象不可见且在重新生成时对象不参与运算，当前图层不能被冻结。

（3）解锁🔓、锁定🔒图层：被锁定的图层上不可修改，但对象可见并可以绘图。

（4）打开🖨打印、关闭🖨打印：当图层打印关闭时，该图层上图形显示但不能打印，新建图层的打印开关均为打开状态。

颜色（Color）、线型（Linetype）和线宽（Lineweight）的设置，只需单击图标，在弹出的对话框中选择设置项即可。

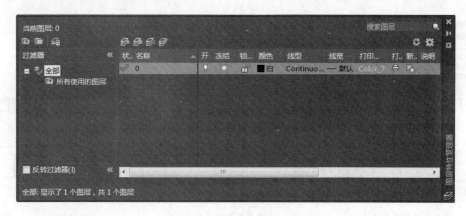

图 9.38 图形特性管理器

9.4.2 线型和线型比例

单击图层特性管理器的线型图标"Continuous"，弹出"选择线型（Select Linetype）"对话框（图 9.39），单击该对话框的"加载（Load）"按钮，弹出"加载或重载线型（Load or Read Linetypes）"对话框（图 9.40）。选择需要线型，如"DASHED（虚线）"单击"确定"返回"选择线型（Select Linetype）"对话框，并在此"选择线型"对话框里选中"DASHED"再单击"确定"返回图层特性管理器，则该图层的线型设置完成。

在 AutoCAD 2018 标准线型库提供的线型中有多种虚线和点画线，图样中应选择符合制图标准的线型，并适当地搭配使用。虚线、点画线的线段长度和间隙大小由线型比例调整。要使所绘线型在图形输出时符合制图标准，需要设定合适的线型比例。线型比例的值取多大合适，这是一个经验值。选择下拉菜单：格式（F）→线型（L），弹出"线型管理器"如图 9.41 所示，调整对话框中的全局比例因子即可。

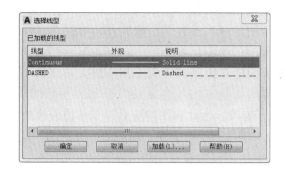

图 9.39 "选择线型"对话框

图 9.40 "加载或重载线型"对话框

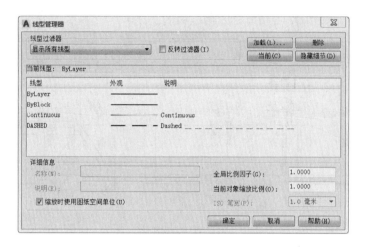

图 9.41 "线型管理器"对话框

9.5 绘 制 工 程 图 样

9.5.1 绘制工程图样的步骤和方法

1. 绘图步骤

（1）分析图样。确定绘图环境设置要求，如图线、文字和尺寸标注的分类等；同时拟定图形生成的方法和步骤，尽量利用复制、镜像、缩放等修改方法构形，以提高绘图效率。

（2）构建样板图。根据绘图初始环境的设置需要，设置绘图幅面、图层（线型、颜色、线宽）、文字样式、尺寸样式等，并且以".dwt"格式的样板文件保存。

（3）构图。按草图到正图的绘图顺序，先构建主要轮廓，再绘制细部，灵活应用各种绘图命令、绘图工具和修改技术生成图形。

（4）整理成图。删去作图辅助线，调整图面布置，绘制图框并填写标题栏。

2. 绘图方法

（1）关于绘图比例。用计算机绘图，为了减少尺寸计算，通常以形体实际尺寸（比例

1：1）绘制。在打印图纸时才考虑图样的绘图比例。因此图样中不以形体尺寸控制的文字、符号、图案间距等图形元素的绘制须与绘图比例相协调。协调的方式可以用"注释性"，也可以预先缩放图形元素。例如图样打印时的绘图比例为 1：100，则这些图形元素的绘制大小与比例因子 100 有关，字体高度、图框和标题栏等大小相应放大 100 倍，此外，尺寸样式中的全局比例应设置为 100。

（2）关于构图方法。用 AutoCAD 绘图便于修改，因此构图时应立足于草图修改成正图的基本方法。许多构图方法可以提高绘图的准确性和绘图效率，如灵活运用绘图工具和修改命令、减少操作命令切换、减少图层切换、协调键盘和鼠标的交替操作、先构形后布局等方法都是非常有效的。

9.5.2 绘图举例

【例 9.2】 绘制如图 9.42 所示的水闸结构图。

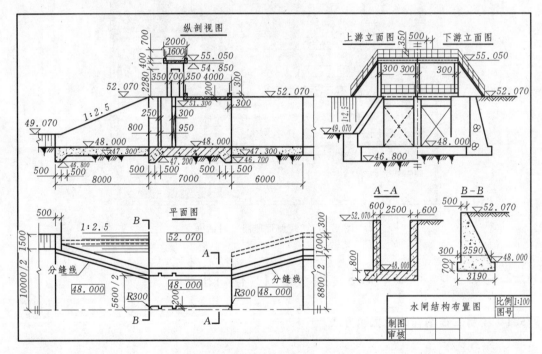

图 9.42 水闸结构布置图

解：

（1）分析图样。水闸结构图有四种线型、三种线宽。图中有数字、汉字两种文字样式。尺寸标注有线性和半径两类。图中的标高标注和土壤符号使用较多，可以采用复制或图块构图。其他图形对象用相应命令编辑生成。

（2）创建样板图。

1）设置四个图层。

图层名	颜色	线型	线宽
粗线	红色	Continuous	0.5mm
细线	品红色	Continuous	0.13mm

虚线	青色	hidden	0.25mm
中心线	蓝色	Center	0.13mm

2) 设置两个文字样式。

用途	样式名	字体
尺寸文字	数字	gbeitc. shx 或 isocp. shx
书写汉字	汉字	宋体

3) 设置尺寸样式。本图绘图比例为 1：100，故尺寸样式中全局比例为 100。

4) 以 ".dwt" 为后缀保存为样板图。画图前，可用 "新建" 命令选择该样板图生成新的 dwg 文件再画图。

（3）按标注的尺寸大小构建草图，修改后完成图样轮廓。

（4）绘制并复制标高、土壤和剖视图标注等符号，绘制大小为打印尺寸×100，例如：立面图标高符号的绘制高度为 3×100＝300。

（5）标注尺寸，书写各图名，图名字高可取 7×100＝700。

（6）绘制 A3 图框和标题栏，按比例放大 100 倍，调整各视图在图框中的布局，完成绘图。

第 10 章　水利工程中的 BIM 技术

10.1　BIM 概述及发展现状

10.1.1　BIM 的概述

在过去的 20 年中，CAD（Computer Aided Design）技术的普及和推广使工程设计师从手工绘图走向电子绘图。甩掉图板，将图纸转变成计算机 2D 数据，可以说是工程设计领域的一次革命，对传统的设计方法和生产模式产生了深远的影响。但是二维图纸的应用依然存在很大的局限性——不能直观体现工程建筑物的各类信息。随着计算机技术的发展，后期出现了一些用于建筑物三维建模和渲染的软件，但由这些软件所建立的三维建筑模型，仅仅是建筑物的表面模型，并没有包含附属在建筑物上的各种信息，依然造成了众多设计信息的缺失。

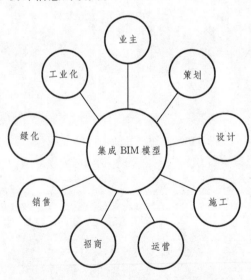

图 10.1　各专业集成 BIM 模型图

建筑信息模型（Building Information Modeling，BIM）正是在这样的背景下应运而生，是一种针对信息的管理技术、方法及机制。其思想源于美国乔治亚技术学院查克伊斯曼博士提出的一个概念：建筑信息模型包含了不同专业的所有信息、功能要求和性能，把一个工程项目在设计、施工、运营管理过程中的信息全部整合到一个建筑模型中（图 10.1）。其本质上即是通过集成项目信息的收集、管理、交换、更新、存储过程和项目业务流程，为建设项目生命周期中的不同阶段、不同参与方提供及时、准确、丰富的信息，支持不同项目之间、不同项目参与方之间和不同软件之间的信息交流与共享，以实现项目设计、施工、运营、维护过程中效率和质量的提高以及工程建设行业整体生产力水平的不断攀升。

10.1.2　BIM 的发展现状

BIM 最早由美国发起，后来逐渐扩展到欧洲各国及日本、韩国等发达国家和地区。目前，BIM 在美国的应用已初具规模。各大设计事务所、施工公司和业主纷纷主动在项目中应用 BIM，政府和行业协会也出台了各种标准。有统计数据表明，2009 年美国建筑业 300 强企业中 80% 以上都应用了 BIM 技术；在日本，BIM 应用已扩展到全国范围，并上升到政府推进的层面；在韩国，已有多家政府机关致力于 BIM 应用标准的制定，其中，韩同公共采购服务中心下属的建设事业局制定了 BIM 实施指南和路线图；在中国香港，香港建筑师协会（The Hong Kong Institute of Architects，HKIA）在 21 世纪初就开始对 BIM 技术进行研究和推广应用。香港房屋署自 2006 年起，在政府建设的重点工程中使用 BIM 技术，并于 2009 年 11 月正式颁布了政府版 BIM 应用标准，同时宣布在 2014—2015 年 BIM 技术将覆盖香港政府投资的所有工程项目。

在中国大陆地区，BIM 虽然起步较晚，但现阶段已逐步渗透到相关的软件公司、BIM 咨询顾问、科研院校、设计院、施工企业、地产商等建筑行业机构，且已有一定数量的项目在不同项目阶段不同程度地使用了 BIM。与此同时，建筑业相关单位也开始重视对 BIM 人才的需求，BIM 人才的商业培训和学校教育已经逐步开始启动。国家层面，在"十二五"规划明确加快 BIM 技术在工程中的应用的基础上，"十三五"规划进一步提出加快推进 BIM 技术在规划、工程勘察设计、施工和运营维护全过程的集中应用。行业协会方面，中国房地产协会专业委员会率先在 2010 年组织研究并发布了《中国商业地产 BIM 应用研究报告》，用于指导和跟踪商业地产领域 BIM 技术的应用和发展。2017 年，中国水利水电勘测设计协会发布了《水利水电 BIM 标准体系》，该体系将作为水利水电 BIM 标准制定（修订）中长期规划与年度计划的主要依据。

10.2 BIM 的 特 点 及 优 势

10.2.1 BIM 的特点

BIM 技术的全面推广应用，将对建筑行业的科技进步产生不可估量的影响。同时，也为建筑行业的发展带来巨大的效益，使工程项目规划、设计、施工乃至项目全生命周期的质量和效益显著提高。本节以行业目前已经普及并正在大面积使用的 CAD 作为参照系，从推广普及的角度来说明 BIM 技术自身的特点，如图 10.2 所示。

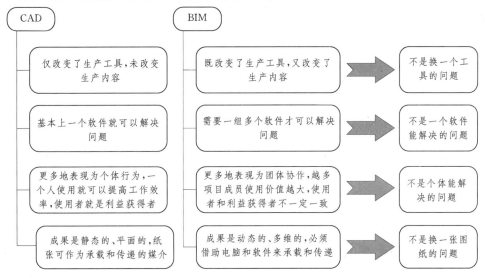

图 10.2　以 CAD 为参照的 BIM 的特点

10.2.2　BIM 的优势

BIM 作为一种技术、一种方法、一种过程，它既包含建筑物全生命周期的信息模型，又包含建筑工程的管理行为模型。相较于 CAD，其更侧重于项目各环节之间的关联，表10.1 总结了 BIM 相对于 CAD 的优势。

表 10.1　　　　　　　　　　　BIM 相较于 CAD 的技术优势

面向对象 ＼ 类别	CAD 技 术	BIM 技 术
基本元素	基本元素为点、线、面，无专业意义	基本元素如墙、窗、门等，不但具有几何特性，同时还具有建筑物理特征和功能特征
修改图元位置或大小	需要再次画图，或者通过拉伸命令调整大小	所有图元均为参数化建筑构件，附有建筑属性；在"族"的概念下，只需要更改属性，就可以调节构件的尺寸、样式、材质、颜色等
各建筑元素间的关联性	各个建筑元素之间没有相关性	各个构件是相互关联的，例如删除一面墙，墙上的窗和门跟着自动删除；删除一扇窗，墙上原有窗的位置会自动恢复为完整的墙
建筑物整体修改	需要对建筑物各投影面依次进行人工修改	只需进行一次修改，则与之相关的平面、立面、剖面、三维视图、明细表等都自动修改
建筑信息的表达	提供的建筑信息非常有限，只能将纸质图纸电子化	包含了建筑的全部信息，不仅提供形象可视的二维和三维图纸，而且提供工程量清单、施工管理、虚拟建造、造价估算等更丰富的信息

10.3　BIM 相关软件介绍及其在水利工程中的应用

BIM 不是一类软件能解决的问题，为了充分发挥 BIM 在工程中的价值，涉及的常用软件数量就有十几个到几十个之多。具体到水利水电工程中，BIM 软件主要围绕三大平台厂商，即 Autodesk、Bentley 以及 Dassault。但无论何种平台，均会以图 10.3 所示的形式进行组织。由图 10.3 可见，建模软件是 BIM 的核心内容，而诸如 BIM 方案设计软件、与 BIM 接口的几何造型软件等可看作核心建模前的准备程序，且可将模型信息传递给核心建模软件。结构分析软件、可视化软件、模型综合碰撞检查软件则是对 BIM 核心建模软件所建立项目实体模型的应用，它们的实施依赖于 BIM 模型的信息输出。

10.3.1　水利工程中的三大 BIM 平台

1. Autodesk 平台

2002 年，Autodesk 公司收购 Revit 公司后，提出了建筑信息模型（Building Information Modeling，BIM）这一术语，旨在实现全方位"建筑工程生命周期管理"。得益于 Autodesk CAD 软件在过去 30 余年中已被工程技术人员广泛认可的现状，继承了 CAD 操作习惯的基于 Autodesk 平台的 BIM 解决方案更易于被工程人员接受，在市场开拓方面具有天然的优势。中国电建集团下属的北京院和昆明院较早的引进了 Autodesk 的 BIM

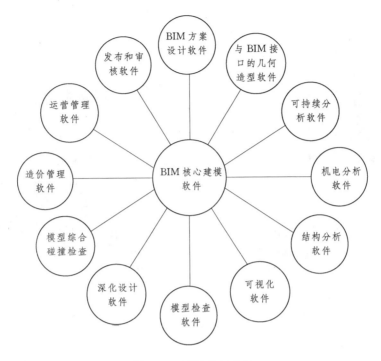

图 10.3 BIM 软件分类

产品。

2. Bentley 平台

Bentley 基于 Microstation 图形开发平台及 Projectwise 协同平台，在统一的文件格式及数据架构下通过自主开发，目前已经拥有 300 多款 BIM 相关专业软件。Bentley 产品在工厂设计（石油、化工、电力、医药等）和基础设施（道路、桥梁、市政、水利等）领域有其自身的优势，但是应用软件细节做得不够到位，本土化有待加强。中国电建集团华东设计院自 2004 年引入 Bentley 产品，已在 30 余项大型工程中全面使用。

3. Dassault 平台

Dassault 公司的 CATIA 是全球最高端的机械设计制造软件，在航空、航天、汽车等领域具有接近垄断的市场地位，应用到工程建筑行业无论是对复杂形体还是超大规模建筑其建模能力、表现能力和信息管理能力都比传统的建筑类软件有明显优势。达索公司为建筑行业提供了全流程 BIM 解决方案，从设计（CATIA）、仿真（SIMULIA）、制造（DELMIA）到管理协作（ENOVIA）涵盖建筑行业所涉及的项目全生命周期，可满足用户在各个阶段对 BIM 数据的处理需求，但与工程建设行业的项目特点和人员特点的对接问题则是其不足之处。目前，中国电建集团下属的成勘院及西北院已引入达索系列产品来实现三维协同设计。

10.3.2 BIM 在水利工程中的应用实例

1. 精细化三维地质模型

水利水电工程与一般的建筑项目相比，其基础结构复杂，对地质条件的要求更加严格。同时，其担当的社会责任和经济责任也更加重大。BIM 相关软件的出现实现了精细化三维地质模型的建立，使设计师可以在三维地质模型上完成设计构思、布置工程建筑物，乃至调整设计方案。如图 10.4 所示，为依据钻孔资料生成的某水电站三维地质模型。图 10.5 为考虑地质断层时某水电站地下洞室群三维模型。

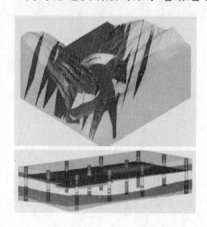
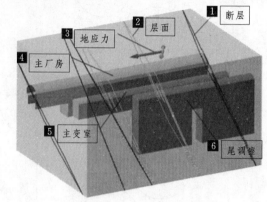

图 10.4　精细化三维地质模型　　　　图 10.5　包含地质断层的水电站地下洞室群三维建模

2. 工程结构模型

BIM 设计流程中采用各专业三维协同配合的工作方式，可分别对工程结构、机电等各专业对象精确建模。如图 10.6 所示，为某水利枢纽整体结构模型及溢流坝段、机电设备模型实例。图 10.7 及图 10.8 所示分别为航道枢纽工程及码头泊位建模实例。

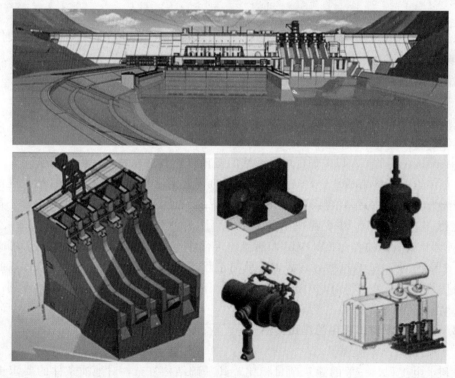

图 10.6　坝工结构及机电等专业建模实例

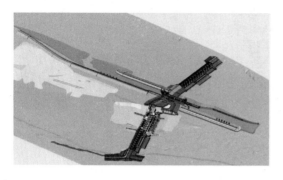

图 10.7　航道枢纽工程建模实例

图 10.8　码头泊位模型实例

3. 碰撞检查

各专业三维建模完成总装后，可对各模块间进行碰撞检查，主要包括建筑结构与发电设备、管线、电缆、楼梯、门窗等的碰撞。通过碰撞检查，可及时修改设计模型，有效降低施工风险，提高施工效率。如图 10.9（a）所示为风管与供水管发生冲突的位置；图 10.9（b）为消火栓供水管与风管发生冲突的区域。

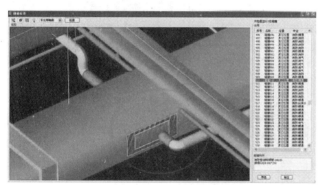

（a）风管与供水管冲突位置

（b）消火栓供水管与风管冲突区域

图 10.9　碰撞检测实例

4. 结构分析

使用 BIM 相关建模软件建立的水工建筑物等实体模型可导入有限元仿真软件进行计算，弥补了有限元仿真计算软件建模能力的不足。同时，重要建筑物模型通过有限元仿真计算，可验证建筑物的合理性并为结构优化提供依据。图 10.10 和图 10.11 分别为钢岔管有限元网格模型及整体应力云图和表孔控制段 BIM 三维模型及其顺水流向变形云图。

5. 项目出图

在三维 BIM 模型的基础上，软件可对项目设计及施工阶段的三维透视图、轴测图及任意断面的平面图进行表达，大大缩短图纸设计和校审时间，显著提高了工作效率，如图 10.12 所示。

6. 视觉效果表达

视觉表达方式的多样化可以在项目实施过程中协助参建各方更直观地从整体上感知水

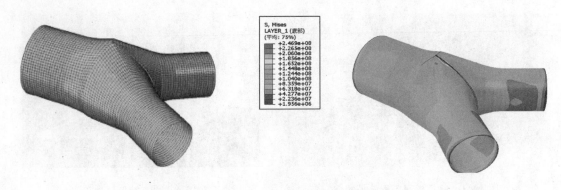

图 10.10　钢岔管有限元网格模型及整体应力云图

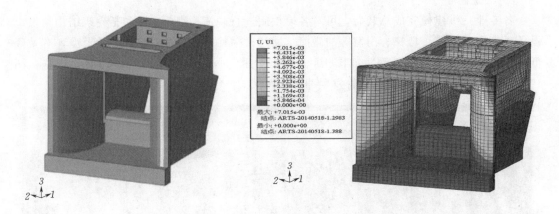

图 10.11　表孔控制段 BIM 三维模型及其顺水流向变形云图

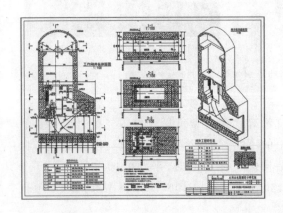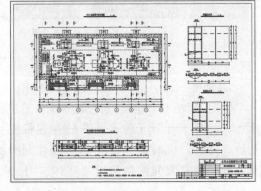

图 10.12　BIM 三维模型出图示例

工结构物，了解各结构构件的不同设计方案、色彩配置方案等，确认空间布局的合理性，提前发现质量问题，并对机组关键部位的机械设备、管路维修性进行辅助设计。如图 10.13 所示为具有 1：1 沉浸式体验的 BIM＋VR 技术应用示例，如图 10.14 所示为基于 BIM 三维模型的漫游技术应用示例。

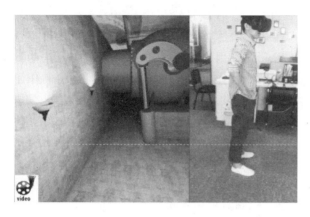

图 10.13　BIM+VR 技术示例

图 10.14　BIM 三维漫游示例

10.4　Revit 建模基础及水工结构三维构形

BIM 平台软件众多，本节以 Autodesk 公司的 Revit 2018 平台为例来简要介绍 BIM 的基本建模方法。

10.4.1　初识 Revit

1. Revit 简介

Revit 是专为建筑行业开发的模型和信息管理平台，它支持建筑项目所需的模型、设计、图纸和明细表，并可在模型中记录材料数量、施工阶段、造价等工程信息。

"参数化"作为 Revit 的基本特性，是指 Revit 中各模型图元之间的相对关系，例如，相对距离、共线等几何特征等。Revit 会自动记录这些构件间的特征和相对关系，从而实现模型间的自动协调和变更管理。在 CAD 领域中，用于表达和定义构件间这些关系的数字或特性称为"参数"，Revit 通过修改构件中的预设或自定义的各种参数实现对模型的变更和修改，这个过程称之为参数化修改。参数化功能为 Revit 提供了基本的协调能力和生产率优势。无论何时在项目中的任何位置进行任何修改，Revit 都能在整个项目内协调该修改，从而确保几何模型和工程数据的一致性。

2. Revit 基本术语

要掌握 Revit 的相关操作，必须先理解软件中的几个重要概念和专用术语，由于 Revit 是针对工程建设行业推出的 BIM 工具，因此 Revit 中大多数术语均来自于工程项目，例如结构墙、门、窗、楼板、楼梯等。但软件中包括几个重要专用的术语。这些常用术语包括项目、项目样板、对象类别、族、族类型、族实例。必须理解这些术语的概念与涵义，才能灵活创建模型和文档。

（1）项目。Revit 的项目通常是由墙、柱、板、窗等一系列基本对象"堆积"而成，这些基本的零件称之为图元。简单而言，可将 Revit 中的项目理解为 Revit 的默认存档格式文件。该文件中包含了工程中所有的模型信息和其他工程信息，如材质、造价、数量等，还可以包括设计中生成的各种图纸和视图。

（2）项目样板。项目样板是 Revit 工作的基础。在项目样板中预设了新建项目中的所有默认设置，包括长度单位、轴网标高样式、墙体类型等。项目样板仅为项目提供默认预设工作环境，在项目创建过程中，Revit 允许用户在项目中自定义和修改这些默认设置。从广义上而言，项目样板在 Revit 中的作用与样板文件在 AutoCAD 中的作用是一致的。

（3）对象类别。与 AutoCAD 不同，Revit 不提供图层概念。Revit 中的轴网、墙、尺寸标注、文字注释等对象均以对象类别的方式进行自动归类和管理，例如，模型图元类别包括墙、楼梯、楼板等；注释类别包括门窗标记、尺寸标注、轴网、文字等。

需要注意的是，在 Revit 的各类别对象中，还将包含子类别定义，例如楼梯类别中，还可以包含踢面线、轮廓等子类别。Revit 通过控制对象中各子类别的可见性、线型、线宽等设置，控制三维模型对象在视图中的显示，以满足出图的要求。

在创建各类对象时，Revit 会自动根据对象所使用的族将该图元自动归类到正确的对象类别当中。例如放置门时，Revit 会自动将该图元归类于"门"，而不必像 AutoCAD 那样预先指定图层。

（4）族。族是 Revit 项目的基础。Revit 的任何单一图元都由某一个特定族产生。一扇门、一面墙、一个尺寸标注、一个图框，由一个族产生的各图元均具有相似的属性或参数。例如对于一个平开门族，由该族产生的图元都可以具有高度、宽度等参数，但具体每个门的高度、宽度的值可以不同，这由该族的类型或实例参数定义决定。

族可分为三种即可载入族、系统族及内建族。其中，可载入族是指单独保存为独立族文件，且可以随时载入到项目中的族。Revit 提供了族样板文件，允许用户自定义任意形式的族。而系统族仅能利用系统提供的默认参数进行定义，不能作为单个族文件载入或创建。系统族中定义的族类型可以使用"项目传递"功能在不同的项目之间进行传递。内建族则是由用户在项目中直接创建的族，其仅能在本项目中使用，不能保存为单独的族文件，也不能通过"项目传递"功能将其传递给其他项目。

（5）类型和实例。除内建族外，每一个族包含一个或多个不同的类型，用于定义不同的对象特性，例如，对于墙来说，可以通过创建不同的族类型，定义不同的墙厚和墙构造。每个放置在项目中的实际墙图元称之为该类型的一个实例。Revit 通过类型属性参数和实例属性参数控制图元的类型或实例参数特征。同一类型的所有实例均具备相同的类型属性参数设置，而同一类型的不同实例，可以具备完全不同的实例参数设置。

例如，对于同一类型的不同墙实例，它们均具备相同的墙厚度和墙构造定义，但可以具备不同的高度、底部标高等信息，修改类型属性的值会影响该族类型的所有实例；而修改实例属性时，仅影响所有被选择的实例。要修改某个实例具有不同的类型定义，必须为族创建新的族类型，例如，要将其中一个厚度 240mm 的墙图元修改为 300mm 厚的墙，必须为墙创建新的类型，以便于在类型属性中定义墙的厚度。

如图 10.15 所示，以柱为例列举了 Revit 中类别、族、类型和实例之间的相互关系。从本质上而言，可以这样理解 Revit 的项目概念：Revit 的项目由无数个不同的族实例（图元）相互堆砌而成，而 Revit 通过类别来管理族，又通过族和族类型来管理这些实例，用于控制和区分不同的实例。

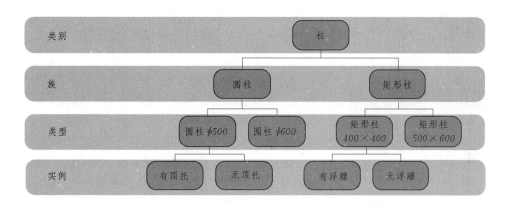

图 10.15 Revit 中类别、族、类型及实例的关系示例

10.4.2 Revit 基本操作

Revit 主程序可通过双击快捷方式启动，用户可根据自己的需要修改界面布局。例如，可以将功能区设置为 4 种显示设置之一，还可以同时显示若干个项目视图，或修改项目浏览器的默认位置。如图 10.16 所示，为项目编辑模式下 Revit 的界面形式。

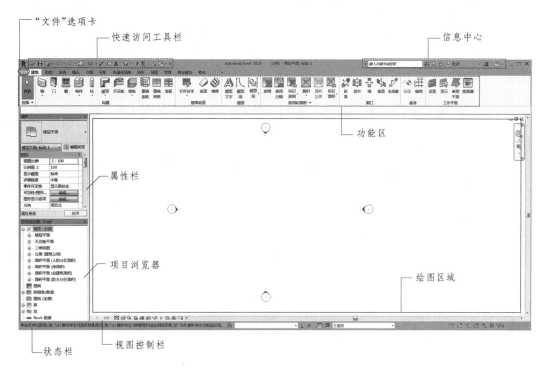

图 10.16 Revit 工作界面

1. "文件"选项卡

单击左上角"文件"选项卡，即可打开文件相关操作列表，如图 10.17 所示。通常"文件"菜单里包括【新建】、【打开】、【保存】、【打印】、【退出 Revit】等功能。可以通过

193

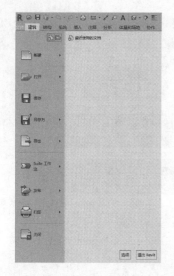

图 10.17　"文件"选项卡列表

单击各菜单右侧的箭头查看每个菜单项的展开选择项，然后再单击列表中各选项执行相应的操作。

2. 功能区

功能区提供了在创建项目或族时所需要的全部工具，主要由选项卡、工具面板和工具组成。在创建项目文件时，功能区显示如图 10.18 所示。单击工具可以执行相应的命令，进入绘制或编辑状态。通常会按选项卡、工具面板和工具的顺序描述操作中该工具所在的位置，例如，要执行"门"工具，将描述为【建筑】→【构建】→【门】。

如果同一个工具图标中存在其他工具或命令，则会在工具图标下方显示下拉箭头，单击该箭头，可以显示附加的相关工具。如图 10.19 所示，为墙工具中包含的附加工具。

图 10.18　功能区

3. 快速访问工具栏

除可在功能区域内单击工具或命令外，Revit 还提供了快速访问工具栏，用于执行最常使用的命令。默认情况下快速访问栏通常包含下列常用项目，见表 10.2。

快速访问栏中的工具内容可根据需要进行自定义，如图 10.20 所示，若希望在快速访问栏中创建墙工具，则右键单击功能区【墙】工具，在弹出快捷菜单中选择"添加到快速访问工具栏"即可将墙及其附加工具同时添加至快速访问栏中。

图 10.19　附加工具菜单

表 10.2　快速访问工具栏

快速访问工具栏目	说　明
（打开）	打开项目、族、注释、建筑构件或 IFC 文件
（保存）	用于保存当前的项目、族、注释或样板文件
（撤销）	用于在默认情况下取消上次的操作。显示在任务执行期间执行的所有操作的列表
（恢复）	恢复上次取消的操作。另外还可显示在执行任务期间所执行的所有已恢复操作的列表
（切换窗口）	点击下拉箭头，然后单击要显示切换的视图

续表

快速访问工具栏目	说　　明
（三维视图）	打开或创建视图，包括默认三维视图、相机视图和漫游视图
（同步并修改设置）	用于将本地文件与中心服务器上的文件进行同步
（定义快速访问工具栏）	用于自定义快速访问工具栏上显示的项目。要启用或禁用项目，请在"自定义快速访问工具栏"下拉列表上该工具的旁边单击

图 10.20　添加到快速访问工具

4. 项目浏览器

项目浏览器用于组织和管理当前项目中包含的所有信息，包括项目中所有视图、明细表、图纸、族、组等项目资源。Revit 按逻辑层次关系组织这些项目资源，方便用户管理。如图 10.21 所示，为项目浏览器中包含的项目内容。进行项目设计时，最常用的操作就是利用项目浏览器在各视图中进行切换。

在 Revit 2018 中，可以在项目浏览器对话框任意栏目名称上单击鼠标右键，在弹出的右键菜单中选择【搜索】选项，打开"在项目浏览器中搜索"对话框，如图 10.22 所示，可以使用该对话框在项目浏览器中对视图、族及族类型名称进行查找定位。

图 10.21　项目浏览器　　　　图 10.22　"在项目浏览器中搜索"对话框

5. 属性面板

"属性"面板可查看和修改 Revit 中定义的图元实例属性参数，各部分的功能如图 10.23 所示。

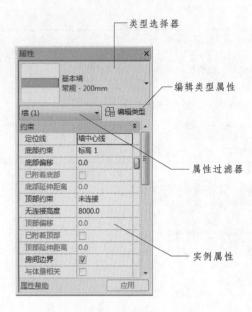

图 10.23　"属性"面板

在选中任意图元的情况下，单击功能区中的"属性"按钮，或在绘图区域单击鼠标右键，在弹出的快捷菜单中选择"属性"选项可打开属性面板，面板将显示当前图元对象的实例属性。如果未选择任何图元，则面板将显示活动视图的属性。面板通常被固定在 Revit 窗口的一侧，可将其拖拽到绘图区域的任意位置成为浮动面板。

6. 绘图区域

Revit 窗口中的绘图区域显示当前项目的楼层平面视图以及图纸和明细表视图，每当切换至新视图时，都将在绘图区域创建新的视图窗口，且保留所有已打开的其他视图。默认情况下，绘图区域的背景颜色为白色。在"选项"对话框"图形"选项卡中，可设置视图的绘图区域背景为黑色。

7. 视图控制栏

在楼层平面视图和三维视图中，绘图区域各视图窗口底部均会出现视图控制栏。通过控制栏，可以快速访问影响当前视图的功能。与图 10.24 相对应，依次包括下列 12 项功能：比例、详细程度、视觉样式、打开/关闭日光路径、打开/关闭阴影、裁剪视图、显示/隐藏裁剪区域、临时隔离/隐藏、显示隐藏的图元、临时视图属性、分析模型的可见性、约束的可见性。

1 : 100

图 10.24　视图控制栏

10.4.3　Revit 在水工结构三维构形中的应用实例

如图 10.25 所示，本节以水闸闸室为例介绍 Revit 的基本命令操作方法与建模步骤。

1. 闸室结构分析

闸室结构自下而上可分解为齿坎、底板、边墩、中墩及公路桥等几个部分。由于这些结构大部分未包含在 Revit 自带的族库里，因此，闸室的三维主体构形首先从自定义族开始。

2. 闸室族定义方法

（1）底板。构形首先从结构形式最简单的底板开始。打开 Revit，单击【文件】→【新建】→【族】，在弹出的"新族"对话框里，选择公制常规

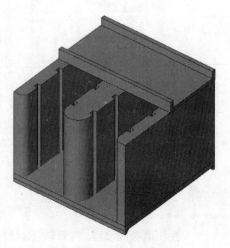

图 10.25　两孔闸室模型

模型，如图 10.26 所示。

图 10.26　新建底板族文件

在功能区通过选择【创建】→【基准】→【参照平面】的方式来定义底板的长度和宽度。以长度为例，在基准面两侧分别给出底板长度相关的参照平面，并通过选择【修改｜放置尺寸位置】→【测量】→【对齐】来定义长度方向尺寸。同时，为了保证基准面为底板对称面，示例中对基准面与两侧参照平面也做了标注，如图 10.27 所示。

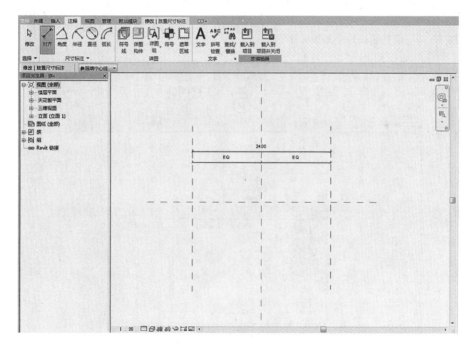

图 10.27　底板长度定义

接下来在选中长度尺寸标注的情况下，选择【修改｜尺寸标注】→【标签尺寸标注】→【创建参数】来对底板长度参数进行定义，如图 10.28 和图 10.29 所示。

宽度方向进行同样的操作即可创建底板宽度参数。之后，单击【创建】→【拉伸】→

图 10.28　激活创建长度参数对话框

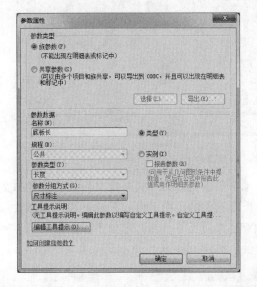

图 10.29　设置底板长度参数属性

【矩形】进行拉伸操作，以矩形区域框选后，单击功能区的按键 ✔ 以确定并结束操作，如图 10.30 所示。

下面只需将视图方位转换为前立面，参考前述方法定义底板厚度参数。为了后期对材质控制的方便，此处对材质参数也进行了定义，如图 10.31 所示。

至此，底板长、宽、高参数定义完成，几何模型建立完毕，如图 10.32 所示。

（2）齿坎。齿坎的构形过程跟底板类似，首先，新建一个公制常规模型族文件。然后，通过参照平面约束齿坎关键位置处的尺寸，并创建齿坎顶宽、底宽、高度和长度等参数。同时，在属性里创建齿坎材质参数。

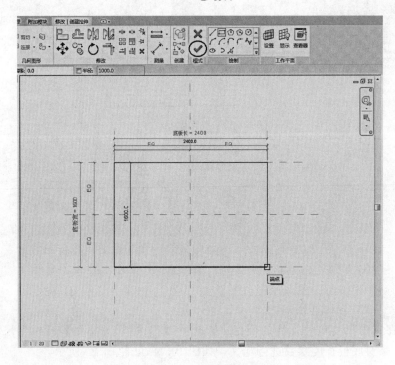

图 10.30　拉伸操作

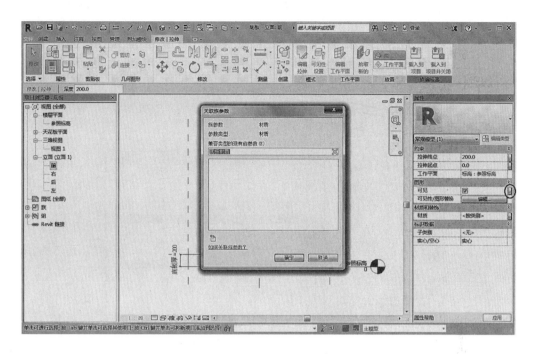

图 10.31 设置底板材质参数

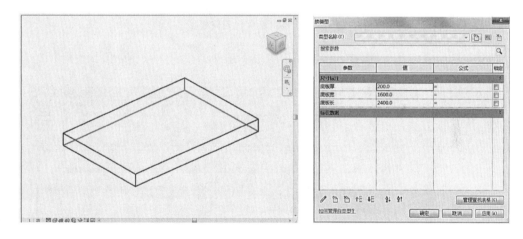

图 10.32 底板几何模型及族类型参数

齿坎最终的参数化几何模型如图 10.33 所示。

（3）边墩。首先通过参照平面约束的方式，定义边墩长、边墩厚、边墩高、边墩端头长、检修闸门槽中心距边墩前端面距离、检修闸门槽宽、检修闸门槽深、检修闸门槽与工作闸门槽中心距、工作闸门槽宽及工作闸门槽深等参数。之后采用拉伸命令，建立边墩整体轮廓。同时，在绘图区域以【绘图】→【圆心-端点弧】及【修改】→【修剪/延伸单个图元】的操作对边墩端头四分之一圆柱面进行局部处理，如图 10.34 和图 10.35 所示。

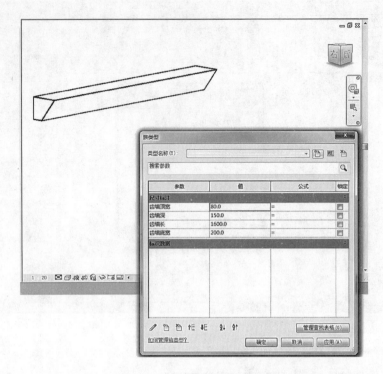

图 10.33　齿坎参数化几何模型

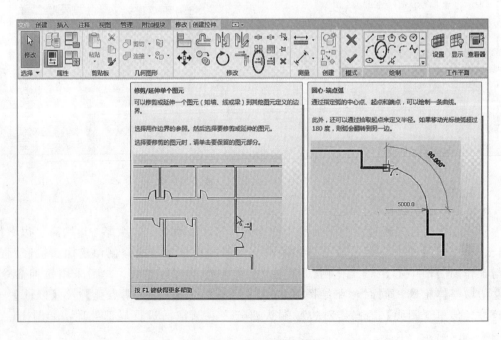

图 10.34　圆弧及修剪命令

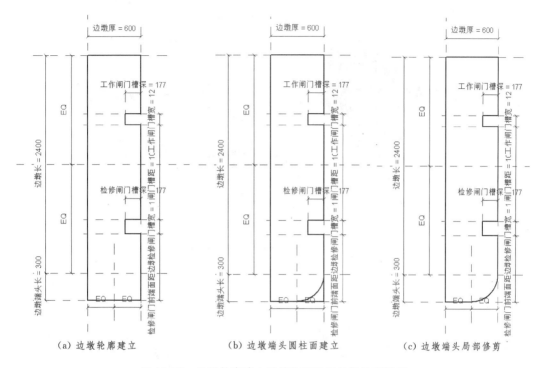

（a）边墩轮廓建立　　　　　　（b）边墩端头圆柱面建立　　　　　　（c）边墩端头局部修剪

图 10.35　边墩轮廓建立及端头圆柱面局部处理过程

为了放置边墩时便于调整门槽的朝向，在这里通过【创建】→【控件】→【双向水平】的操作，进行翻转快捷设置，如图 10.36 所示。

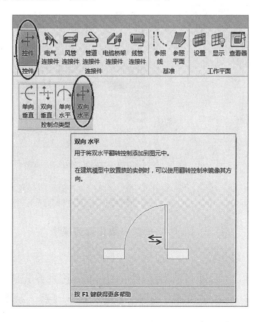

图 10.36　边墩"控件"设置

最终建立的边墩参数化几何模型如图 10.37 所示。

图 10.37　边墩参数化几何模型

（4）中墩。参照边墩的建模步骤，建立的中墩参数化几何模型如图 10.38 所示。

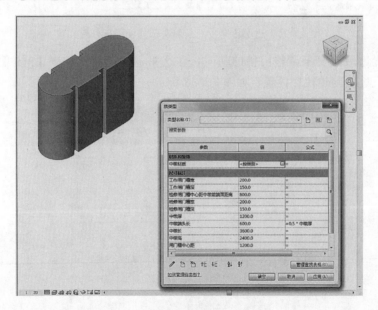

图 10.38　中墩参数化几何模型

3. 闸室构件组装

闸室各主体部分定义好之后即可开始构件的组合，下面首先将齿坎族载入到底板族里，建立带有齿坎的底板。打开底板族文件，采用【插入】→【载入族】→【齿坎】的操作，将齿坎族载入。接下来以【创建】→【构件】的操作，将齿墙放置在底板合适的位置。对于构件的角度调整，可采用功能区中的 按钮。这里需特别注意功能区当中的对齐按键 ，它采用将构建边界与约束参照平面锁死的方式，精确放置构件。通常的做法是在进入"对齐"

命令后，逐次选择参照平面和与之对应的构件临界面，并单击出现的对齐约束符号 🔓 使之变为 🔒 状态即可。如图 10.39 所示，为平面图视角下右侧齿坎尺寸锁死后的情况。

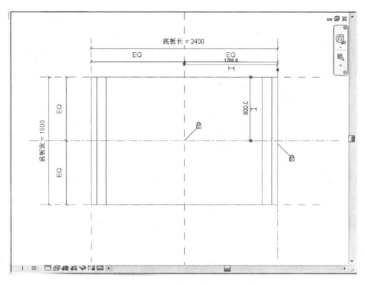

图 10.39 右侧齿坎尺寸定位

将模型调整到前立面图状态，选中两齿坎构件单击"拾取新主体"按键，如图 10.40 所示，对其高程进行调整，调整后同样采用锁死尺寸位置的操作。

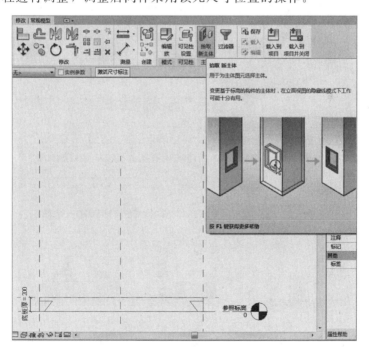

图 10.40 齿坎标高调整

为了保证构件参数化建模的顺利实施，下面还需对底板与齿坎的参数进行关联。如图 10.41 所示，首先在选中齿坎构件的情况下，采用【编辑类型】→【齿坎长】→【关联族参数】→

【底板宽】的操作使得底板构件宽度与齿坎长度相一致。接着逐次单击"关联族参数按钮"以新建参数的方式将齿坎顶宽、齿坎底宽、齿坎深等参数关联到底板组对应参数上。

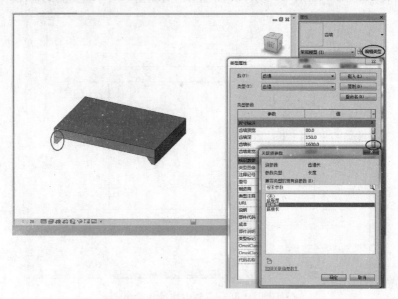

图 10.41　齿坎与底板的参数关联

最终建立的带有齿坎的底板模型如图 10.42 所示。

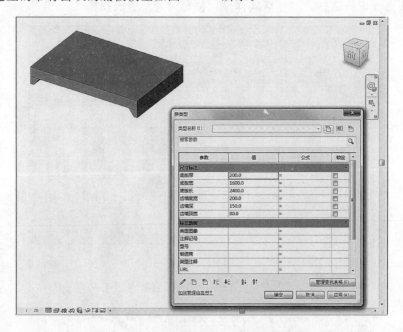

图 10.42　带有齿坎的底板参数化几何模型

采用同样的方式将边墩、中墩等结构族插入到文件中，通过基面定位及参数关联建立的闸室主体结构及属性参数表如图 10.43 所示。对于其他附属设施亦可按照上述建模思路进行。

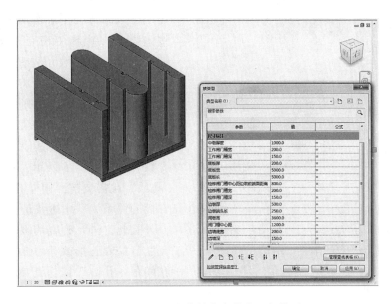

图 10.43　闸室主体结构参数化几何模型

4. 闸室模型优化

为了更大程度地发挥参数化建模的优势，下面通过对模型的进一步改进，来实现任意多孔闸室的快速生成，以体现标准化建模的特点。

多孔闸室生成的核心问题是闸室中墩的阵列表达。为了达到该目的，首先需要添加孔间距、孔数及中墩阵列数量共三个参数。具体操作上，孔间距的设置依然采用参照平面约束的方式即可，重点是如何表达中墩阵列，这里需要用到阵列操作。如图 10.44 所示，在

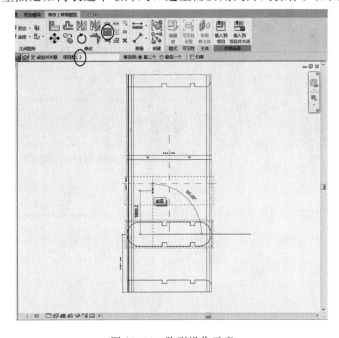

图 10.44　阵列操作示意

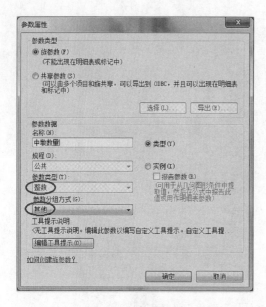

图 10.45　阵列操作示意

选中中墩的情况下单击功能区中的阵列按键 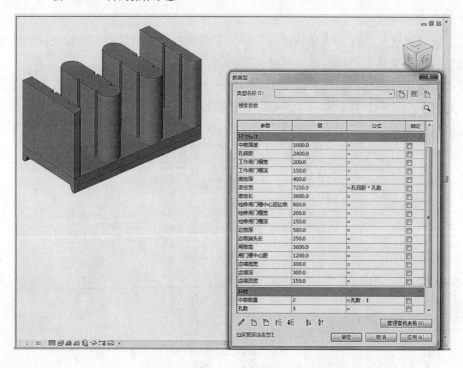，以中墩对称面为基准向上拖拽。同时，项目数预先设为 2。设置完成后，点选项目数标距将参数"中墩数量"添加进族类型参数列表中。

需要注意的是，参数"中墩数量"的参数分组方式为"其他"，参数类型为整数，如图 10.45 所示。这就要求参数"孔数"也需要按照同样的设置进行，且它们的关系为"中墩数量＝孔数－1"。

除此之外，还需将既有参数"底板宽度"的表达形式修改为"底板宽度＝孔间距×孔数"以保证参数良好的关联性。采用标准化建模所生成的三孔闸室主体如图 10.46 所示。

图 10.46　多孔闸室主体结构参数化几何模型

第11章 钢筋混凝土结构图

混凝土是一种抗压性能较强、应用很广的人造石，是由水泥、砂、石子和水按一定比例混合搅拌，经凝固、养护而制成。混凝土的抗拉能力远不如它的抗压能力，一般只有抗压能力的 1/15～1/8，在受拉、受弯的情况下极易断裂。因此，为了扩大混凝土的适用范围，可在混凝土的受拉区内配置一定数量的钢筋，用钢筋代替混凝土来承受拉力或扭矩，从而提高了构件的承载能力。这种由钢筋和混凝土组成的共同受力结构称为钢筋混凝土结构。用来表达这类结构物的外形和内部钢筋配置情况的图样称为钢筋混凝土结构图，简称配筋图。

11.1 钢筋混凝土结构的基本知识

1. 混凝土的等级

混凝土按其抗压强度的不同，由低到高分为 C15、C20、C25、C30、C35、C40、C45、C50、C55、C60、C65、C70、C75、C80 等 14 个等级。

2. 钢筋的种类

钢筋的种类较多，可按化学成分、生产工艺、表面形式进行不同的分类。在钢筋混凝土结构图中用不同的直径符号表示钢筋的类型。表 11.1 为建筑工程中常用普通钢筋的符号及其部分参数。

表 11.1　　　　　　　　　　　普通钢筋的符号及部分参数

牌号	符号	公称直径 /mm	屈服强度标准值 /(N/mm²)	说明
HPB300	ϕ	6～22	300	光圆钢筋
HRB335	$\underline{\phi}$	6～50	335	带肋钢筋
HRB400	$\underline{\Phi}$	6～50	400	
HRB500	$\underline{\Phi}$	6～50	500	

3. 钢筋在构件中的作用分类

配置在混凝土中的钢筋，按其在结构中所起的作用可分为下列五种，如图 11.1 所示。

（1）受力钢筋：主要用来承受外力。按其所起的主要作用又可分为受拉钢筋、弯起钢筋和受压钢筋。

（2）架立钢筋：主要用来固定钢箍及受力钢筋的位置，一般用于钢筋混凝土梁中。

（3）分布钢筋：主要用来扩散外力分布，以改善构件受力情况，同时固定受力钢筋位置。常用在钢筋混凝土板、墙或环形构件中。

（4）箍筋：又称为钢箍，主要用来固定受力钢筋的位置，构成钢筋骨架，也承受一部分外力。常用在钢筋混凝土板、梁或柱中。

（5）其他钢筋：根据结构需要而设置的钢筋，如吊钩筋，预埋钢筋等。

图 11.1（a）和（b）分别为板、梁的钢筋骨架立体图。

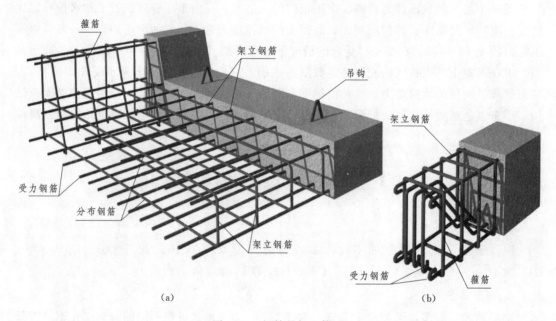

图 11.1　钢筋骨架立体图

4．钢筋的弯钩和弯起

（1）钢筋的弯钩：为了保证钢筋与混凝土之间有足够的黏结力，《混凝土结构设计规范》（GB 50010—2010）规定，受力的光面钢筋末端必须做成弯钩，直筋的弯钩形式与尺寸如图 11.2 所示。

（2）钢筋的弯起：根据构件受力的需要，常需在构件中设置弯起钢筋，即将靠近构件下部的受力钢筋弯起，如图 11.1（b）所示。梁中的弯起钢筋的弯起角一般为 45°或 60°。钢筋在起弯处应做成圆弧段。

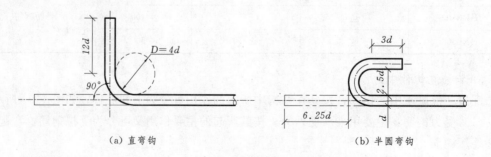

图 11.2　直筋的弯钩形式

5. 钢筋的保护层

为了防止钢筋锈蚀，钢筋必须全部包在混凝土中，因此，最外层钢筋表面到混凝土表面必须留有一定厚度的混凝土，这一层混凝土称为钢筋的保护层。保护层的厚度视各种结构及工作环境而异，一般为 15～50mm。

11.2　配筋图的表达方法

1. 配筋图的内容

配筋图是表达构件外形和钢筋布置的图样，是钢筋下料、绑扎钢筋骨架的依据。因此，完整的配筋图应包括下列几项内容：

(1) 构件的外形视图和尺寸。

(2) 钢筋布置图及钢筋的定位尺寸。

(3) 钢筋明细表。

(4) 说明或附注。

2. 配筋图的一般规定

(1) 线型及材料符号。配筋图一般不画混凝土材料符号。配筋图的主要意图是表达钢筋的布置情况，因此为了突出重点，在画图时假设混凝土为透明体，并规定构件的外形轮廓用细实线表示，钢筋用粗实线表示，钢筋的断面用小黑圆点表示，如图 11.3 所示为门机轨枕配筋图。

(2) 钢筋的编号。规格、直径、形状、尺寸完全相同的钢筋为同类型钢筋，无论根数多少，只编一个号。上述各项中有一项不相同则为不同类型钢筋，应分别编号。编号时，应按照先主筋后分布筋，逐一顺序编号，并将号码填写在直径为 6mm 左右的圆圈内，用指引线指到相应的钢筋上，如图 11.3 所示。

(3) 钢筋直径、根数、间距的标注方法。以图 11.4 为例，如图中"③$\frac{2\phi16}{}$"，其中：

"③"——表示编号为"3"的钢筋；

"2"——表示钢筋的根数共 2 根；

"$\phi16$"——"ϕ"表示钢筋种类为 HPB300 级钢筋，"6"表示钢筋直径为 6mm。

图 11.4 中的"5@200"为钢筋等间距布置的简化标注方法。其中：

"5"——表示有 5 个间距；

"@200"——"@"是等间距的符号，"200"表示两相邻钢筋中心间距为 200mm。

(4) 钢筋成型图的尺寸注法。在配筋图中，除了一组视图和断面图表示构件形状和钢筋相互位置外，还应详细标明每根钢筋加工成型后的大样，因此，需画出每根钢筋的成型图，如图 11.3 的①～⑦钢筋大样图。

在钢筋成型图上，只需逐段注出钢筋长度，不画尺寸线和尺寸界线。弯起钢筋倾斜部分的尺寸常用标注直角三角形两直角边长的方法注出，如图 11.3 的钢筋③大样图。钢筋的弯钩有标准尺寸（图 11.2），图上不注出，但在钢筋表中钢筋的长度应包括按标准算出的弯钩长度。

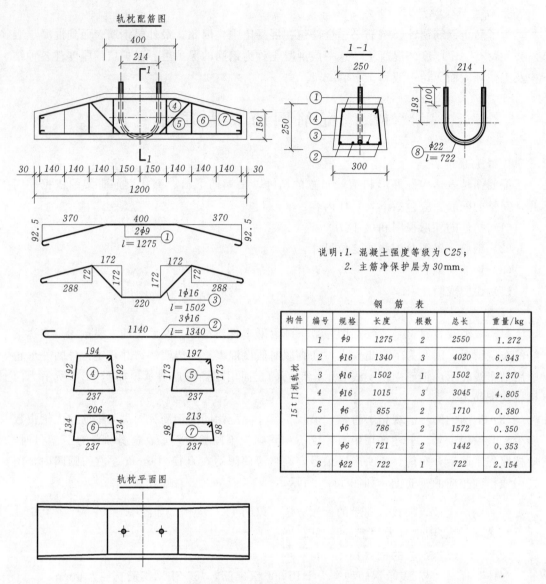

图 11.3 门机轨枕配筋图

钢 筋 表

构件	编号	规格	长度	根数	总长	重量/kg
15 t 门机轨枕	1	$\phi 9$	1275	2	2550	1.272
	2	$\phi 16$	1340	3	4020	6.343
	3	$\phi 16$	1502	1	1502	2.370
	4	$\phi 16$	1015	3	3045	4.805
	5	$\phi 6$	855	2	1710	0.380
	6	$\phi 6$	786	2	1572	0.350
	7	$\phi 6$	721	2	1442	0.353
	8	$\phi 22$	722	1	722	2.154

有时为了减少幅面，水工钢筋混凝土结构图中也将成型图缩小，示意性地画在钢筋表简图一栏中，如图 11.4 钢筋表所示。

钢筋成型图中，箍筋尺寸一般指内皮尺寸，如图 11.5（a）所示；弯起钢筋的弯起高度一般指外皮尺寸，如图 11.5（b）所示。

（5）钢筋表。在配筋图中通常需附有钢筋表，其表格形式如图 11.4 所示。在钢筋表中应详细列出构件中所有钢筋的编号、简图、规格、直径、长度及根数等。它主要用于钢筋下料及加工成型，同时也用来计算钢筋用量。

3. 配筋图的简化画法

配筋布置图一般线条较多，如果钢筋的分布是有规律的，可以采用简化的画法，使图

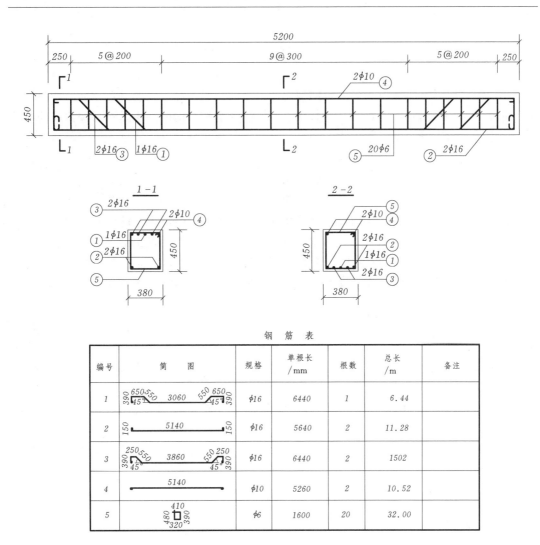

钢 筋 表

编号	简 图	规格	单根长/mm	根数	总长/m	备注
1	390 650 550 3060 550 650 390 45 45	φ16	6440	1	6.44	
2	150 5140 150	φ16	5640	2	11.28	
3	250 550 3860 550 250 390 45 45 390	φ16	6440	2	1502	
4	5140	φ10	5260	2	10.52	
5	410 480 390 320	φ6	1600	20	32.00	

图 11.4 钢筋混凝土梁配筋图

的线条减少，图形清晰。采用了简化画法之后，可以缩小绘图比例，减小图幅，有利于画图和看图。例如：对于型号、直径、长度和间距都相同的钢筋，可以只画出第一根和最末一根的全长，用标注的方法表示其根数、直径和间距，如图 11.6 所示。

其他一些简化画法，请查阅有关标准。

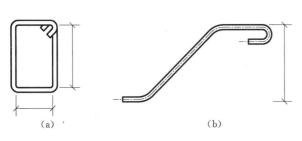

图 11.5 钢筋成型尺寸

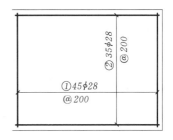

图 11.6 等间距钢筋的简化画法

11.3　配筋图的阅读

阅读配筋图的目的是为了弄清楚结构内部钢筋的布置情况，以便进行钢筋的断料、加工和绑扎成型。看图时需注意图上的有关说明，先弄清楚结构的外形，然后按钢筋的编号次序，逐根看懂钢筋的位置、形状、种类、直径、数量和尺寸等，要把视图、断面图、钢筋编号和钢筋表配合起来看。

【例 11.1】　阅读图 11.4 所示梁配筋图。

解：结合各个视图，按照钢筋编号，参阅钢筋表，了解各种钢筋的规格、形状和数量，分析各种钢筋的配筋情况和各种钢筋间的相对位置，看懂整个钢筋骨架的构造。

从立面图和 1-1 断面、2-2 断面图可知：该矩形截面梁的断面尺寸为 450mm×380mm，跨度为 5.2m。从钢筋表中可知，该钢筋混凝土梁内共配置有 5 种钢筋，由简图一栏中可看出各种钢筋的形状（其规格、直径、根数等由其他各栏反映）。进而分析各种钢筋的配筋情况。

由 2-2 断面可见：在梁的跨中断面处，梁底设有 5 根受力筋，分别为①号 1 根 $\phi16$、②号 2 根 $\phi16$ 和③号 2 根 $\phi16$；梁顶设置两根架立筋，为④号 2 根 $\phi10$，各钢筋形式可从钢筋表中查出。从 1-1 断面可见：在梁的端部断面处，梁顶设有 5 根钢筋，梁底减少为 2 根钢筋，其中梁顶的①号和③号钢筋是从梁底弯起上来的，所以梁底减少了 3 根。从立面图可知：⑤号箍筋 20 根 $\phi6$，沿梁的跨度方向按一定间距布置，其中在梁的两端间距加密。

依照上述分析，将各种类型钢筋的配置情况及相对位置搞清楚以后，即可全面了解整个钢筋骨架的构造。

第12章 房屋建筑图

房屋是水利工程建设中常见的建筑物。表达房屋结构的图样称为房屋建筑图，房屋建筑图按其表达内容的不同，一般分为建筑施工图、结构施工图和设备施工图。建筑施工图主要表达房屋建筑结构布置；结构施工图主要表达其构件的布置和构造；设备施工图主要表达电气水暖的布置。本章简要介绍建筑施工图和结构施工图的表达方法和表达内容。

房屋一般都由基础、墙（或柱）、楼板、地面、屋顶、楼梯、门窗等部分组成，还有一些附属构配件和设施（如台阶、阳台、雨篷、雨水管以及各种饰面和装修）等。图12.1表达了房屋建筑的基本组成结构和主要构配件。

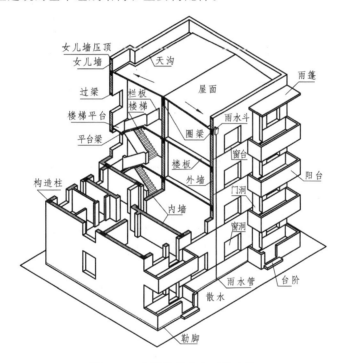

图 12.1　房屋结构和主要构配件

12.1　房屋建筑图绘制的有关规定

房屋建筑图的图示方法与水工图大致相同，但所遵循的为《房屋建筑制图统一标准》（GB/T 50001—2010）等系列制图标准，本节介绍该系列制图标准中的几项基本规定。

12.1.1　比例

根据图样的用途和复杂程度，房屋建筑图常用比例的选用见表12.1。

表 12.1 　　　　　　　　　　　　　　房屋建筑图常用比例

图　名	常　用　比　例
总平面图	1∶100　　1∶1000　　1∶2000
平面、立面、剖面图	1∶50　　1∶100　　1∶200
详图	1∶1　　1∶2　　1∶5　　1∶10　　1∶20　　1∶50

12.1.2　图线

房屋建筑图中为了主次分明，表达清楚，一般只画可见轮廓线，并且对常用的线型和线宽作了统一的规定，见表 12.2。

表 12.2 中线宽 b 的取值应根据图的大小及类别选用，宜从 1.4mm，1.0mm，0.7mm，0.5mm，0.35mm，0.25mm，0.18mm，0.13mm 系列中选取。

表 12.2 　　　　　　　　　　　　　　线 型 与 线 宽

线型	线宽	使 用 范 围
粗实线	b	平面图、剖面图及详图中被剖切的主要结构轮廓线；立面图上外围轮廓线及构配件详图中的可见轮廓线；剖切符号
中粗实线	$0.75b$	平面图、剖面图及详图中被剖切的次要结构轮廓线；平面图、剖面图及详图中未剖切的结构轮廓线；构配件详图中的一般轮廓线
中实线	$0.5b$	小于 $0.7b$ 的图形轮廓线、尺寸线、尺寸界线、索引符号、标高符号
细实线	$0.25b$	图例填充线、家具线等
细点画线	$0.25b$	中心线、对称线、定位轴线
粗点画线	b	起重机轨道线、结构图中梁

12.1.3　标高

房屋各部分的高度一般只注写相对标高。相对标高的零点取室内首层主要地面标高。标高符号如图 12.2 所示形式用细实线绘制，标高符号的尖端，应指至被注的高度，尖端可向上，也可向下。标高数字应以"m"为单位，保留三位小数。总平面图上的标高符号，宜用涂黑的三角形表示，注写绝对标高，保留两位小数。

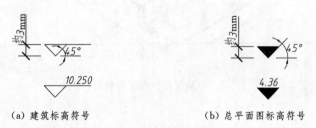

（a）建筑标高符号　　　　　　（b）总平面图标高符号

图 12.2　标高符号

12.1.4　索引标志及详图标志

对某些细部构造，往往要画出它们详图或局部剖面图。为了便于查找，常采用索引符号标明某一细部另有详图，而对所画的详图采用详图符号加以说明，其标志符号见表 12.3。

表 12.3　　　　　　　　　　　　　　详图索引符号和详图符号

分类	图例	说明	
索引符号	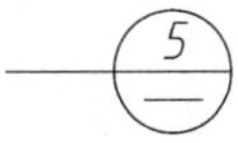	5	详图编号
		—	详图在本图纸中
	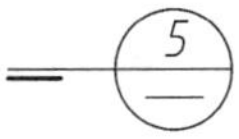	5	剖面、断面详图编号
		—	剖面、断面详图在本图纸中
		—	剖切位置线，表示详图由剖切后从下向上投射得到
	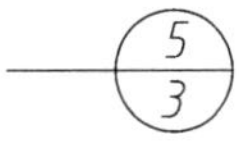	5	详图编号
		3	详图所在图纸编号
	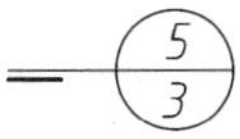	5	剖面、断面详图编号
		3	剖面、断面详图所在图纸编号
		—	剖切位置线，表示详图由剖切后从下向上投射得到
详图符号		5	详图编号，与索引在同一张图纸中
	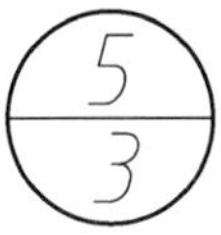	5	详图编号
		3	索引所在图纸编号

12.1.5　图例

在房屋图中，平面、立面、剖面图采用的绘图比例较小，许多复杂的构造和较小的构造，通常采用规定的图例表示，见表 12.4。

表 12.4　　　　　　　　　　　　　　构 配 件 图 例

名　称	图　例	名　称	图　例
空门洞		单层外开平开窗	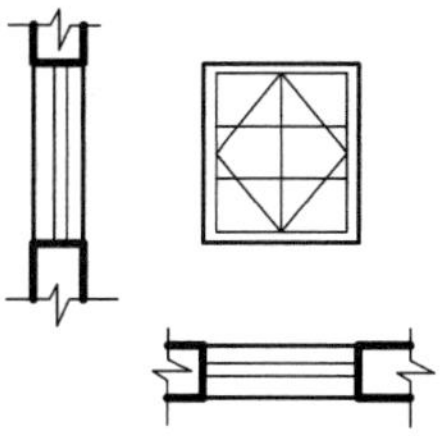
单扇门	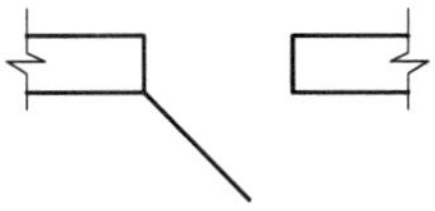		
洗涤池	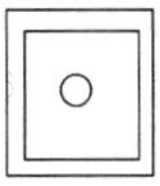	浴盆	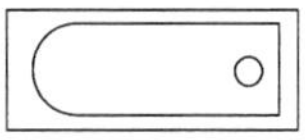
污水池	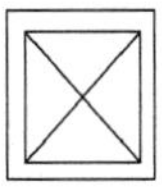	坐式大便器	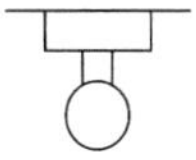

12.2 建 筑 施 工 图

建筑施工图（简称建施）是表达建筑物总体布局、外部构造、内部空间设计、内外装修、各细部构造及设备安装、施工要求等的图样，它通常包括施工总说明、总平面图、建筑平面图、建筑立面图、建筑剖面图、建筑详图等。

12.2.1 施工总说明

施工总说明是对整套图纸中未能详尽表达的内容及施工要求、经济技术指标等所作的文字说明。一般作为整套图纸的首页，因此也称为首页图。

12.2.2 总平面图

总平面图不仅要表达新建房屋所在地的总体布局，还要表明新建房屋与原有房屋、道路的位置关系，以及该地区的地形地貌、标高、朝向等，是施工放样的重要图样。图12.3 为一个小区的总平面图，总平面图的绘图比例小，因此尺寸标注以"m"为单位，用图例表达建筑物和辅助设施。在图中用粗实线画出新建房屋的平面轮廓，并用小黑点数表示房屋的层数；用细实线画出原有房屋，需要拆除的房屋要画上"×"；用尺寸或坐标标注出新建房屋的位置。图中还需要画出指北针（圆的直径宜为 24mm，指北针尖端指向正北并注写"北"）。

总平面图中标注绝对标高，这个标高数值在其他图样中不再表示。如图 12.3 所示，本章中其他图样的相对标高零点±0.000，即为总平面图中的绝对标高 13.27。

总平面图 1：2000

图 12.3 总平面图

12.2.3 建筑平面图

建筑平面图是通过房屋门窗洞口水平剖切所得到的剖面图。平面图主要表示建筑物的平面形状、大小，内部房间的平面布置、出入口、楼梯、门、窗及固定设备的布置和墙、柱的位置、断面形状和材料等。对于多层建筑，通常要画出各层的平面图，当楼层的平面布置完全相同时，用标准层平面图表达即可。有些房屋还要画出屋顶平面图。图 12.4 为一个住宅的首层平面图。

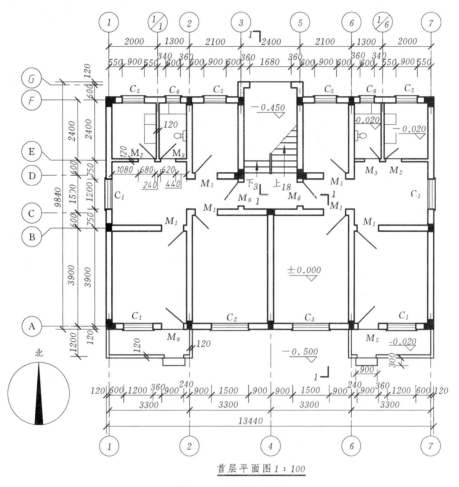

首层平面图 1：100

图 12.4　建筑平面图

为了便于施工时定位放样，在平面图中应将墙和柱的轴线画出，并进行编号，其端部用细线画一个直径约 8mm 的圆，编号注写在圆内。横向编号用阿拉伯数字 1、2、3、…从左向右依次注写；竖向编号用大写拉丁字母 A、B、C、…由下而上依次注写（I、O、Z 三个字母不得用于轴线编号，以免与数字混淆）。

当平面图比例小于或等于 1：100 时，剖到的墙和柱简化画出，砖墙涂红表示，钢筋混凝土涂黑表示。

在平面图中，要详尽地标注外部尺寸和内部尺寸。外部尺寸需标注三道，最外第一道标注总长、总宽；第二道标注轴线间距，以表明房间的开间和进深；第三道标注门窗洞的

217

宽度和位置。内部尺寸主要标注墙厚、室内门窗洞的宽度和位置、固定设备的大小和位置以及地面和楼层的标高。局部结构如另有详图，其尺寸在平面图上可不注写。

平面图中的每个门窗都需要编号，编号采用门"M_1"、窗"C_1"等方式标注门、窗的种类，其尺寸、数量及结构形式用门窗表详细列出。

12.2.4 建筑立面图

建筑立面图主要表示建筑物的外貌和外墙装修。通常把主要出入口的立面图称为正立面图，其余的被称为侧立面图和背立面图。也可按朝向来命名，如东立面图、南立面图等。也可以两端定位轴线编号来命名，如①～⑦立面图。如图 12.5 所示。

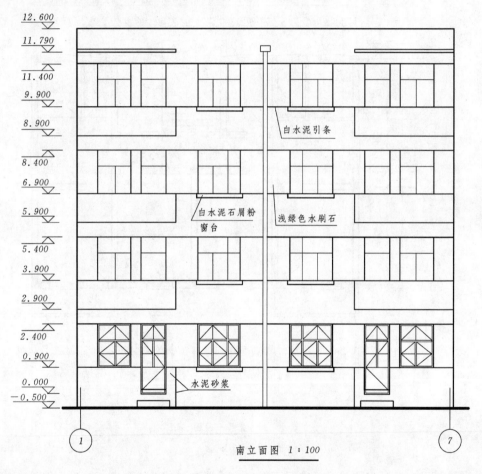

南立面图 1:100

图 12.5 建筑立面图

在立面图中，通常需画出两端的轴线编号，并与平面图中的编号一致。

立面图中需标注外墙面的做法。对某些细部，也可另用详图绘出。

立面图中一般不标注尺寸，而标注地面、楼层、屋面、台阶顶面、门窗洞的上下沿、雨棚底面等的相对标高。

12.2.5 建筑剖面图

建筑剖面图是垂直外墙轴线剖切房屋后得到的剖面图，主要用来表达房屋的内部构造、结构形式、沿高度的分层情况等。剖切位置通常取门窗洞、楼梯间处，剖面图的数量视房屋的复杂程度而定。在剖面图中一般不画出地面以下的基础结构（基础的构造在结构施工图中表达）。剖面图中需标注轴线的编号，并与平面图一致。如图 12.6 所示。

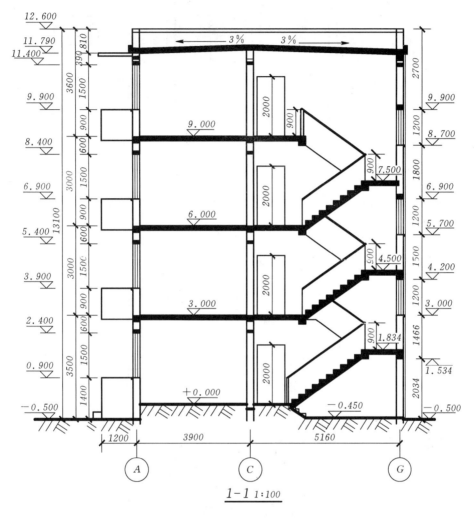

1-1 1:100

图 12.6 建筑剖面图

在剖面图中，一般应标注三道尺寸：最外第一道尺寸，室外整平地面到女儿墙顶面的高度；第二道尺寸为楼层高度；第三道尺寸为窗台高、窗高和窗顶到上一楼层地面高度。剖面图中还应标注出室内外地坪、勒脚、楼层、楼梯平台、窗台、门窗顶、檐口、女儿墙等处的标高。

12.2.6 建筑详图

建筑详图是表达细部构造、尺寸和所用材料的图样，是对平面、立面、剖面图中未能详尽表达的建筑细部、构配件以及某些构造节点的补充。详图的选取和表达方法，视细部构造的复杂程度而定。常见的详图有楼梯间、卫生间详图，各构配件详图和外墙节点详图等。楼梯间详图一般要画出平面图和剖面图，图 12.7 为楼梯间平面图，图 12.8 为楼梯剖面图。

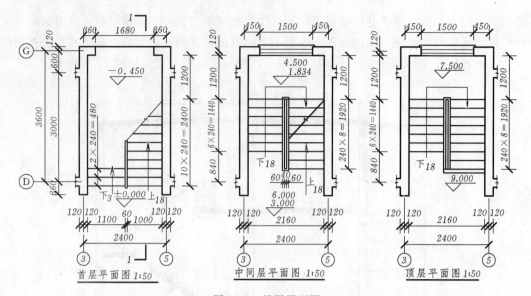

首层平面图 1:50　　　　中间层平面图 1:50　　　　顶层平面图 1:50

图 12.7　楼梯平面图

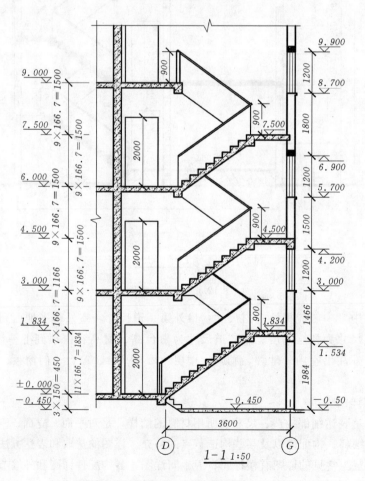

$1-1$ 1:50

图 12.8　楼梯剖面图

12.3 结构施工图

结构施工图（简称结施）表达房屋各承重构件的布置、形状、大小、材料及内部构造。通常包括楼层结构平面图、基础图、屋顶结构平面图以及楼梯梁板结构详图和其他受力构件布置图等。对某些复杂的钢筋混凝土构件，有时还要画出模板图，以便于施工中构件的预制或现场浇注。在结构施工图中，构件的名称常采用代号表示，如板的代号为"B"、梁的代号为"L"等，具体可查阅《建筑结构制图标准》（GB/T 50105—2010）。

下面简要介绍楼层结构平面图和基础图的画法和内容。

12.3.1 楼层结构平面图

楼层结构平面图表示楼层承重构件（梁、板、柱、墙等）的平面布置、现浇楼板的构造与配筋，是施工布置、制作和安装构件的依据。因此，对各构件的规格、数量、安装位置等注写详细。构件类型和规格采用代号表示，并编号。构件一般画出其轮廓线，过梁、支撑等也可用粗点画线表示中心位置。预制板或另有详图表达的区域，可仅用细实线画出交叉对角线。如图 12.9 所示。楼层结构平面图是沿楼地面剖切得到的平面图，楼板下的

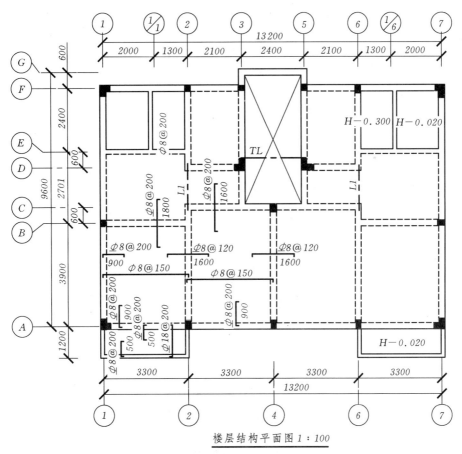

楼层结构平面图 1 : 100

图 12.9　楼层结构平面图

221

梁用虚线表示，阳台和卫生间等地面低于楼面（图中标注 H−0.020），用中实线表示。图中画出了两块现浇楼板的配筋情况：东西向的 ϕ8@150 是主要受力筋，配置在板底，为直径 8mm 的 HRB335 的钢筋，间距 150；南北向的 ϕ8@200 是配置在板顶面的钢筋，直径为 8mm 的 HRB335 钢筋，间距 200，长度 1800。

根据"混凝土结构施工图平面整体表示方法"（即"平法"）11G101−1 图集，楼层结构平面图可以分拆为"柱平法施工图""梁平法施工图"等多部分图样，分别画出承重构件的平面布置和构造，并标注构件的有关参数，用于施工，有关内容参见相关文件和资料。

12.3.2　基础图

基础图是表达室内地面以下，基础部分的平面布置和构造的图样，它是开挖基坑和砌筑基础的依据。基础图包括基础平面图和基础结构详图。在基础平面图中，通常只画出基础墙、柱及基础底面的轮廓线；注写基础轴线编号和间距（与平面图一致）；标注基础墙的厚度；画出基础断面详图的剖切位置和符号，并分别编号，如图 12.10 所示。图中的 J1、J2、…表示基础断面图，JL 表示基础梁断面图。

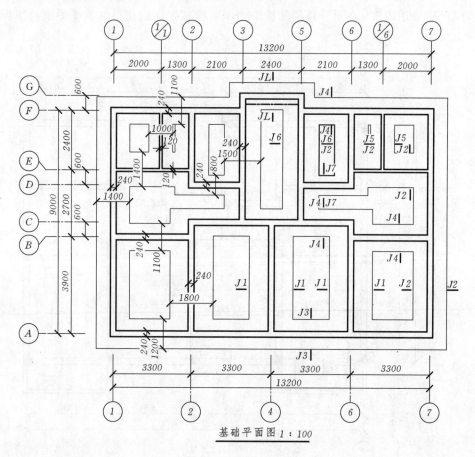

基础平面图 1∶100

图 12.10　基础平面图

基础结构详图是基础的垂直断面图，表达基础各部分的形状、大小、材料和构造要求。详图的数量取决于基础结构的复杂程度。断面形状类似的基础详图，通常可以画一个通用断面图，再用基础明细表加以说明，如图 12.11 和表 12.5 所示。

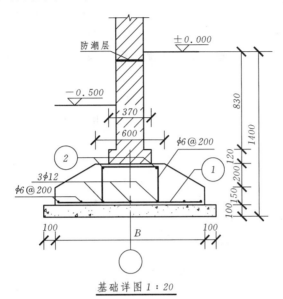

基础详图 1：20

图 12.11　基础详图

表 12.5　　　　　　　　　　　　　　基 础 明 细 表

基础类别	基础编号	基础宽 B	受力筋①
基础 J	J1	1800	$\phi 10@140$
	J2	1400	$\phi 8@170$
	J3	1200	$\phi 8@200$
	J4	1100	$\phi 8@200$
	J5	1000	$\phi 8@200$
	J6	1500	$\phi 8@140$
	J7	800	$\phi 6@200$
基础梁 JL	JL	1100 2600（梁长）	$\phi 8@200$ ②$2\phi 14$

12.4　施 工 图 的 阅 读

阅读施工图，就是根据房屋图样和文字说明，构想出房屋的各空间形状、大小、内部分隔、外部装修和构造要求及特点。一套房屋施工图会有数十张甚至数百张图纸，阅读应该如何进行？

一般来说，看图首先应看首页图，首页图是所建房屋的总体说明，可以对该房屋有一个概括的了解。然后按"建施""结施"和"设施"的顺序进行阅读。阅读时往往要几张图纸配合起来看。正确的阅读方法是先粗略了解，后细致分析；先建立整体印象，后弄清局部构造，最后加以综合，获得房屋完整细致的空间感。

　　要提高阅读能力，必须熟悉图样中的常用图例、符号、线型规定、标注要求和表达方法；还要具备一定的专业知识，平时要善于观察和了解房屋的组成和构造上的一些特点；要善于运用生活经验和工程实际，在图和形之间反复思考和对应。

　　下面就本章所列的图样的阅读作简单的回顾，了解一下图样阅读的入门方法。

　　看总平面图，根据指北针可以了解到：新建房屋坐落在绿苑小区的东北角，北侧临近小禹河，靠近小区北侧围墙，需要拆除原有一处建筑。房屋面南背北，四层建筑，建筑面积 13.44m×9.84m，与临近小区道路中心线分别相距 10m 和 5m，室外地坪绝对标高 12.77，室内地面绝对标高 13.27。

　　看平面图、立面图和剖面图可以了解到：这是一栋一梯两户的单元住宅楼，层高为 3m，总高为 13.10m。楼梯在北面，阳台在南面，是三室、一厅、一厨和一卫的套间，两套间对称布置。各房间的平面布置、开间和进深、门窗的大小和位置，可以从平面图中了解，门窗的高度从剖面图了解。外墙立面布置和表面的装修要求、材料及做法，可从立面图的装饰分隔线和文字说明了解。

　　看楼梯详图可以进一步了解楼梯间的平面布置、楼梯平台、楼梯台阶和楼梯梁的细部尺寸和高度。

　　看楼层结构平面图可以了解楼层各梁、柱和楼板的平面布置，现浇板的具体配筋要求。

　　看基础平面图和基础详图可以了解到该住宅楼为条形基础，基础底面标高为 -1.400，基础底宽从 1~1.8m 各不同，可通过断面图编号和基础明细表查到。基础垫层为 100 厚的素混凝土，基础为钢筋混凝土，配置有 $\phi6$、$\phi8$、$\phi10$ 不同的 HPB300 受力筋。JL 断面还设有基础梁，梁长 26m。基础上面有砖砌大方脚，大放脚的形状和尺寸由基础详图了解。

第13章 机 械 图

水利工程中广泛地应用各种机械设备，水利工程技术人员在设计、施工与管理工作中，经常会涉及机械设备的设计、安装和维修问题，因此需要具备一定的机械图样的绘制和阅读的能力。机械图的内容繁多，专业性强，本章仅介绍机械图的常用基本知识。

机械图样一般分为装配图和零件图，表示整个机器和部件的图样称为装配图，如图12.1(a) 为正滑动轴承的立体图，图 12.1（b）是其装配图；表示单个零件的图样称为零

(a) 立体图

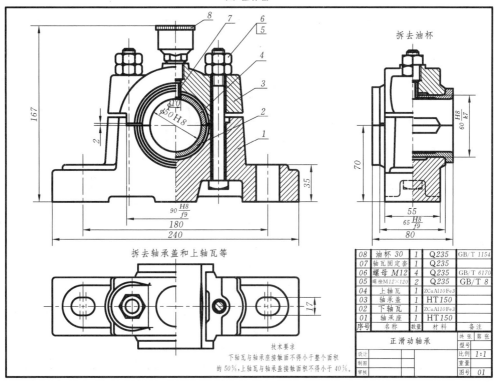

08	油杯 30	1	Q235	GB/T 1154
07	轴瓦固定套	1	Q235	
06	螺母 M12	4	Q235	GB/T 6170
05	螺栓M12×120	4	Q235	GB/T 8
04	上轴瓦	1	ZCuAl10Fe3	
03	轴承盖	1	HT150	
02	下轴瓦	1	ZCuAl10Fe3	
01	轴承座	1	HT150	
序号	名称	数量	材料	备注

技术要求
下轴瓦与轴承座接触面不得小于整个面积
的50%，上轴瓦与轴承盖接触面积不得小于40%。

(b) 装配图

图 13.1（一） 正滑动轴承

225

件图，如图 12.1（c）～（g）为正滑动轴承的部分零件图。

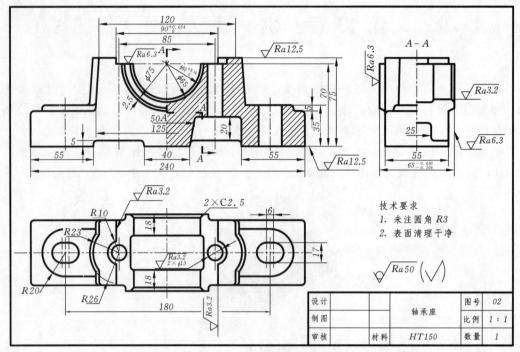

（c）轴承座

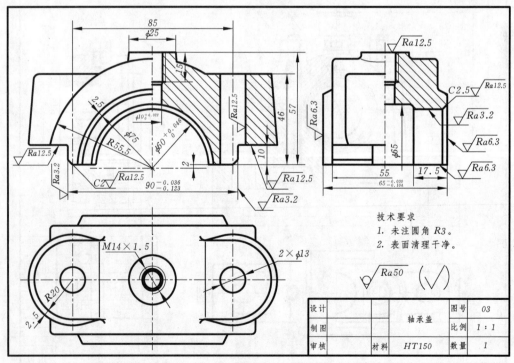

（d）轴承盖

图 13.1（二） 正滑动轴承

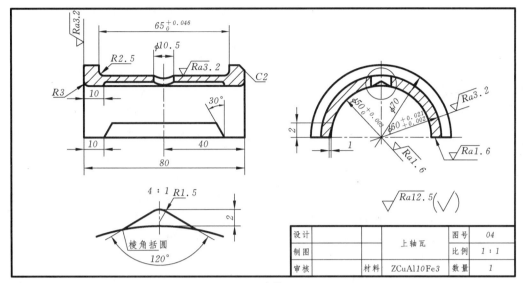

（e）上轴瓦

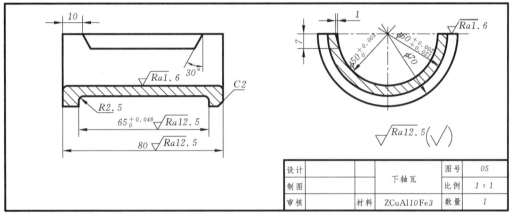

（f）下轴瓦

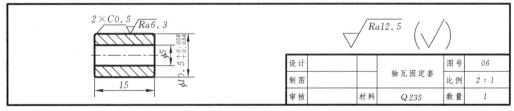

（g）轴瓦固定套

图 13.1（三）　正滑动轴承

机械图和水利工程图一样，都是按正投影原理绘制的，但机械图有许多反映专业需求的画法特点和要求，机械图样遵循《机械制图》（GB/T 4457.4—2002、GB/T 4457.5—2013、GB/T 4458.1—2002、GB/T 4458.6—2002、GB/T 4459.1—1995、GB/T 4459.7—1998）和《技术制图》（GB/T 14689—2008、GB/T 10609.1—2008、GB/T 17450—1998、GB/T 14690—1993、GB/T 14691—1993、GB/T 14692—2008）等系列国家制图

标准。

13.1 零 件 图

13.1.1 零件图的内容

零件图应包括以下内容：

（1）一组视图——用一组视图、剖视图、断面图等完整、清晰地表达零件各部分的形状和结构。

（2）一组尺寸——用一组尺寸完整、清晰、合理地确定零件各部分的大小和位置。

（3）技术要求——用符号或文字说明零件在制造和检验时应达到的要求，如尺寸公差、表面粗糙度、形状及位置公差、热处理等。

（4）标题栏——列出零件的名称、材料、数量和绘图比例等。

13.1.2 零件的视图

在第 6 章中所介绍的表达形体的各种方法（视图、剖视图、断面图等）都适用于机械图的表达。但是机械图样中，图名标注在视图的上方；局部放大图不需要绘制详图索引标志，如图 13.1（e）所示；此外还规定了一些由于结构工艺要求产生的规定和简化画法，下面介绍其中的一部分。

1. 起模斜度和铸造圆角的画法

为了在铸造时便于将铸件从砂模中取出，一般会在起模方向做成约 1：20 的斜度，称为起模斜度，这种斜度在图上不画出，一般仅在技术要求中用文字说明，如图 13.2 所示。

铸件毛坯的两表面相交处，都有铸造圆角，以避免铸件冷却时产生裂纹，铸造圆角在图上应画出，圆角半径在技术要求中统一说明。

2. 零件工艺结构的画法

（1）为了便于装配和操作安全，零件的装配端部一般都加工成斜角（倒角）或圆角（倒圆），倒角一般为 45°或 30°、60°，在图中标注为"C2"，其中"C"为 45°倒角符号，"2"为倒角的宽度，如图 13.3 所示。倒圆半径一般统一注写在技术要求中。

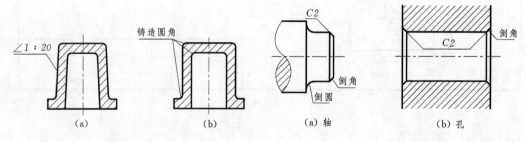

图 13.2 起模斜度和铸造圆角　　　　　　图 13.3 倒角和倒圆

（2）切削加工中，为便于加工和保证零件的装配紧密性，零件装配的台肩处会预先加工出退刀槽，如图 13.4 所示。

（3）用钻头钻出的盲孔，在底部有一个 120°的锥角；在阶梯钻孔的连接处，也需要锥角 120°的圆锥台过渡，如图 13.5 所示。

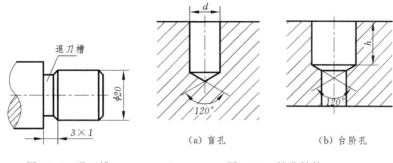

图 13.4 退刀槽

图 13.5 钻孔结构

（a）盲孔　　　　　（b）台阶孔

3. 过渡线的画法

零件表面由于铸造圆角的过渡，使得表面的交线不够明显，这种交线称为过渡线，过渡线的作法与相贯线相同，但可按下述规定画出：

（1）当两曲面相交时，过渡线两端只应画到理论的交点，不与圆角轮廓接触，如图 13.6 所示。

（2）当两曲面部分相切时，过渡线在切点附近应当断开，如图 13.7 所示。

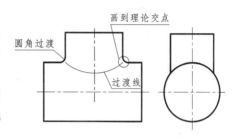

图 13.6 两曲面相交的过渡线

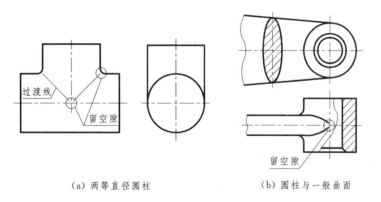

（a）两等直径圆柱　　　　　（b）圆柱与一般曲面

图 13.7 两曲面相切的过渡线

4. 典型零件的表达方法

在选择零件的视图时，必须对零件的作用、结构形式和加工方法进行仔细分析，然后选择一组适当的表达方式（包括视图、剖视图、断面图及其他表达方法），以便把零件完整、清楚地表达出来。选择零件视图采用的步骤与选择组合体视图相同，先确定零件的放置位置，选择主视图，再选择其他视图。确定零件的放置位置时，应尽量符合零件的工作位置或加工位置，以便于零件图的阅读和加工测量。

下面以图 13.1 所示正滑动轴承的几个零件为例，简介几种常见零件的视图表达方法。

（1）轴套类零件。图 13.1（e）和（f）分别为该轴承的上轴瓦（4 号零件）和下轴瓦（2 号零件）。轴、套类零件主要在车床上加工，加工时轴线处于水平位置，所以选择这类零件的视图时，一般都把轴线放成水平位置。且通常用一个非圆视图作为主视图，再根据需要绘制若干断面图或剖视图，表达沿长度方向的断面变化情况。如图 13.1（e）所示的上轴瓦上部有一加油孔，用局部放大图表达了加油孔的细部形状和尺寸。

（2）架座类零件。如图 13.1（c）为该轴承的底座（1 号零件）。这类零件外部和内部结构一般都比较复杂，形状多变，并且加工时位置多变，画图一般取工作位置或按放稳定位置。这类零件主要通过多方向的视图表达其整体形状，并且采用一定的剖视表达形体的外部和内部结构。

本例中底座零件取水平工作位置，用主视图、左视图和俯视图三个视图表达，由于零件左右和前后都对称，在正视图和左视图中分别都采用了半剖视图，以表达其装配孔和安装孔以及轴承安装的空间，比较完整地表达了轴承底座的内外结构形状。

13.1.3　零件图的尺寸

1. 尺寸标注的基本规则

机械图样的尺寸标注规则和方法基本上还是遵循第 1 章和第 4 章中的要求，有所不同的是：机械图的尺寸界线要从轮廓线引出，尺寸界线与被注线段间不留间隙；尺寸起止符号全部用箭头。

2. 尺寸基准

合理地标注尺寸的关键在于选择合适的尺寸基准。尺寸基准是设计、加工和安装时的定位和测量依据。合理地选择基准并标注尺寸，需要丰富的机械设计和加工的知识及实践。

每个零件都有长、宽、高三个方向的尺寸，因此每个方向都至少要选择一个基准。如轴承底座 [图 13.1（c）]，其主、左和俯视图都是对称图形，是个前后、左右对称的零件，故其长度方向尺寸 240、180、85 和 40 等选取零件的左右对称面为基准是合理的，对保证部件的装配和安装的准确性具有重要作用。在高度方向，底面是部件的安装面，选择底面为高度基准，可以准确控制轴承座的中心高度，而保证部件能按设计要求安装使用。

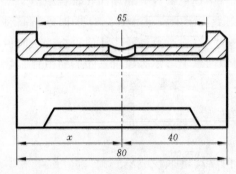

图 13.8　不要标注封闭尺寸链

3. 不要标注封闭尺寸链

图 13.8 所示是图 13.1（e）所示上轴瓦精简后的图形。左侧的长度 $x=80-40=40$，这个尺寸不可注出。若标注了这段尺寸，形成了尺寸封闭链，加工时无法确保必须保证的总长 80 和右侧 40 的加工精度，而致使零件报废。对于机械加工来说，加工误差是不可避免的，不注这段尺寸，就是不限定这段尺寸的误差，以便保证尺寸80 和 40 的加工精度。因此当零件中出现封闭尺寸链的情况时，加工精度不重要的线段长度的尺寸不标注。

13.1.4　零件图上的技术要求

1. 零件图上技术要求的内容

零件的技术要求是零件加工的重要信息，主要有下面几个方面的内容：

（1）对零件的尺寸公差、表面形状和相对位置公差的要求。

（2）对零件表面粗糙度的要求。

（3）对零件材料的要求。

（4）对热处理的要求。

（5）对零件表面质量、修饰和涂层的要求。

（6）对试验条件和方法的要求。

这些内容用规定代号、符号、数字和文字等标注在图形上或用文字注写在标题栏上方。本节简单介绍尺寸公差和表面粗糙度的基本知识。

2. 极限与配合

（1）互换性与尺寸公差。一批相同零件中的任何一个零件，都能不经任何挑选、修整或辅助加工就装配到机器上去，且能很好地满足质量要求，零件所具有的这种性质称为互换性。零件具有互换性便于整机的装配检修，也为零件的批量生产和分工协作原则组织生产提供了可能性。

零件加工过程的误差是不可避免的，为了保证零件具有互换性，就必须对误差有个限定，这个允许的尺寸变动量就叫尺寸公差。下面以图 13.9 为例介绍有关公差与极限的一些术语。

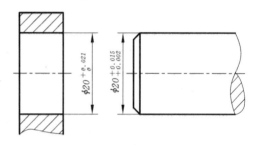

图 13.9　公差标注示例

（2）尺寸公差的有关术语。

1）公称尺寸。由设计给定的尺寸，如 $\phi 20$。

2）上极限尺寸。孔或轴允许的最大尺寸，如孔 $\phi 20^{+0.021}_{0}$ 的上极限尺寸是 $20+0.021=20.021$，轴 $\phi 20^{+0.015}_{+0.002}$ 的上极限尺寸是 $20+0.015=20.015$。

3）下极限尺寸。孔或轴允许的最小尺寸，如孔 $\phi 20^{+0.021}_{0}$ 的下极限尺寸是 $20+0=20$，轴 $\phi 20^{+0.015}_{+0.002}$ 的下极限尺寸是 $20+0.002=20.002$。

4）上极限偏差。上极限尺寸－公称尺寸所得到的代数差。写在公称尺寸的右上角，如孔的 $+0.021$ 和轴的 $+0.015$。

5）下极限偏差。下极限尺寸－公称尺寸所得到的代数差。写在公称尺寸的右下角，如孔的 0 和轴的 $+0.002$。

6）尺寸公差（简称公差）。允许尺寸的变动值。

$$尺寸公差＝上极限尺寸－下极限尺寸＝上极限偏差－下极限偏差$$

如孔的公差为 $0.021-0=0.021$，轴的公差为 $0.015-0.002=0.013$。公差总是正值。

7）实际尺寸。由测量获得的零件尺寸。一个零件的实际尺寸只允许在下极限尺寸和上极限尺寸之间，否则即为废品。

（3）零件公差的标注。在零件图中，公差可以标注上、下极限偏差数值，如图 13.9 所示；上、下极限偏差相同时，也可以如图 13.10 所示标注；在装配图中会直接用公差带代号标注，即用字母标注公差带代号，由公差带代号查相关表得到上、下极限偏差值。如图 13.1（b）中的 $\phi 60 H8/k7$ 等标注，有关内容参见相关书籍。

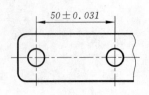

图 13.10 上、下极限偏差
相同的标注

3. 表面粗糙度

机械零件被加工的表面都会有微观峰谷不平的加工痕迹，这种表面上所具有的微观间距和峰谷所组成的几何形状不规则状况称为表面粗糙度。零件在参与工作时，其表面粗糙度将直接影响零件表面的耐磨性、耐腐蚀性及两表面间的接触刚度和密封性等，因此必须根据零件的功能要求，对表面粗糙度作出规定。下面就表面粗糙度的代（符）号及其标注要求作一些说明。

（1）表面粗糙度代（符）号。评定表面粗糙度的主要参数常用 Ra，Ra 是评定粗糙度轮廓的算术平均偏差的代号。Ra 的值分为 100、50、20、12.5、6.3、…等系列，值越小，表面越光滑，加工成本越高。

表面粗糙度符号和意义见表 13.1。

表 13.1   表面粗糙度符号和意义

符 号	意 义
√	基本符号（由两条夹角为 60°且不等长的细实线构成），表示表面可用任何方法获得的，当不加注粗糙度参数值或有关说明时，仅适用于简化代号标注
√	扩展符号，表示表面是用去除材料的方法获得的，例如：车、铣、钻、刨、磨等
√	扩展符号，表示表面是用不去除材料的方法获得的，例如：铸、锻、轧、冲、压等
√ √ √	完整图形符号，在横线的上、下可标注有关参数和说明

（2）表面粗糙度的标注方法。在同一图样上，每一个表面一般只标注一次代（符）号，不同表面的代（符）号标注要求和规定示例见表 13.2。

表 13.2   表面粗糙度符号

图 例	说 明
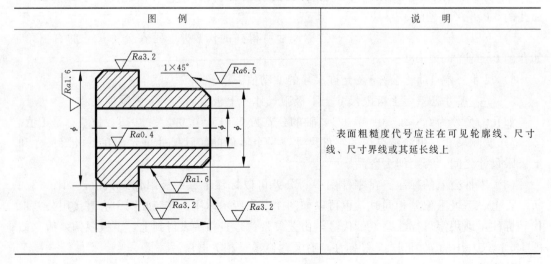	表面粗糙度代号应注在可见轮廓线、尺寸线、尺寸界线或其延长线上

续表

图 例	说 明
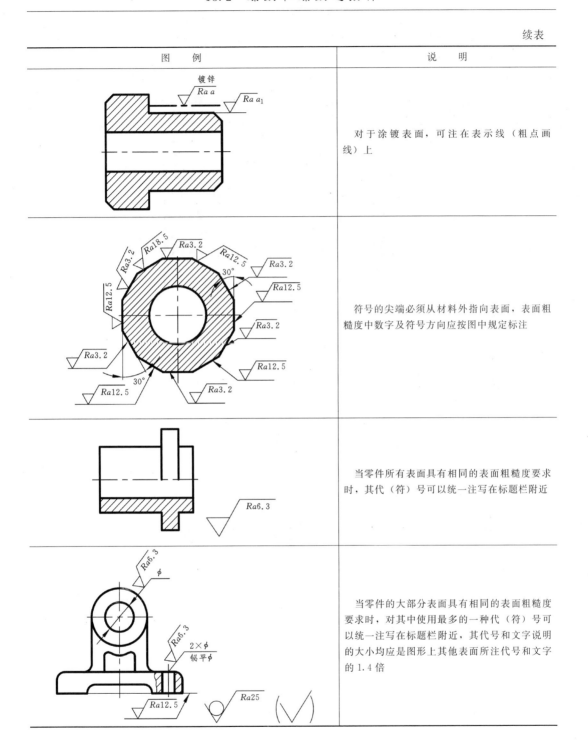	对于涂镀表面，可注在表示线（粗点画线）上
	符号的尖端必须从材料外指向表面，表面粗糙度中数字及符号方向应按图中规定标注
	当零件所有表面具有相同的表面粗糙度要求时，其代（符）号可以统一注写在标题栏附近
	当零件的大部分表面具有相同的表面粗糙度要求时，对其中使用最多的一种代（符）号可以统一注写在标题栏附近，其代号和文字说明的大小均应是图形上其他表面所注代号和文字的 1.4 倍

13.2 螺纹和螺纹连接件

螺纹是机器零件上常用的结构，如螺钉、螺栓、螺母、管接头及丝杆上都刻有螺纹。

螺纹主要用于连接零件、传递动力和改变运动形式。常用的螺纹和螺纹连接件的结构和尺寸等已标准化，画法也有具体规定。

13.2.1 螺纹

在零件外表面上的螺纹称为外螺纹，如图 13.11 （a）所示；在零件内表面上的螺纹称内螺纹，如图 13.11 （b）所示。

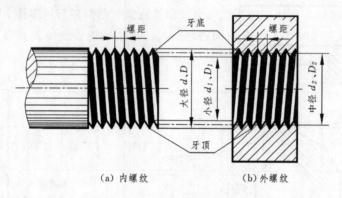

（a)内螺纹　　　　　　　　（b)外螺纹

图 13.11　螺纹

1. 螺纹的要素

（1）牙型。螺纹的断面形状有三角形、梯形、矩形等，如图 13.12 所示。三角形螺纹主要用于连接，其他螺纹用于传递动力。

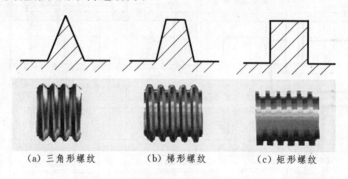

（a）三角形螺纹　　　　（b）梯形螺纹　　　　（c）矩形螺纹

图 13.12　螺纹的牙型

（2）公称直径。与外螺纹牙顶或内螺纹牙底相重合的假想圆柱面的直径称为大径，分别以 d（外螺纹）和 D（内螺纹）表示；与外螺纹的牙底或内螺纹的牙顶相重合的假想圆柱的直径称为小径，分别以 d_1（外螺纹）和 D_1（内螺纹）表示，如图 13.11 所示。一般以螺纹的大径代表螺纹尺寸，称为公称直径。

假想有一圆柱，其母线通过牙型上沟槽和凸起宽度相等的地方，此假想圆柱的直径称为中径。外、内螺纹的中径分别用 d_2 和 D_2 表示，如图 13.11 所示。

（3）线数。沿一条螺旋线所形成的螺纹称为单线螺纹。沿两条或两条以上，在轴向等距分布的螺旋线所形成的螺纹称为多线螺纹，如图 13.13 所示。

（4）螺距与导程。相邻两牙在中径线上对应两点间的轴向距离称为螺距，以 P 表示。同一条螺旋线上的相邻两牙在中径线上对应两点间的轴向距离称为导程，以 Ph 表示，如

图 13.13 所示。

（5）旋向。螺纹的旋转方向有右旋（顺时针方向旋入）和左旋（逆时针方向旋入）之分，如图 13.14 所示。

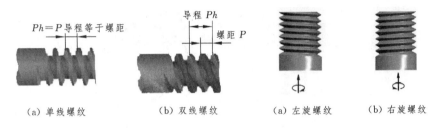

（a）单线螺纹　　　（b）双线螺纹　　　（a）左旋螺纹　　　（b）右旋螺纹

图 13.13　螺纹的线数　　　　　　图 13.14　螺纹的旋向

其中牙型、公称直径和螺距三要素符合标准的螺纹称为标准螺纹。

2. 连接螺纹的种类

常用的连接螺纹有三种：粗牙普通螺纹、细牙普通螺纹和管螺纹。粗牙普通螺纹是最常见的螺纹，特征代号为 M；细牙普通螺纹的螺距小，用于薄壁或要求连接紧密的地方，特征代号 M；管螺纹用在管件上，特征代号为 G。这三种螺纹都是标准螺纹。

3. 螺纹的规定画法

（1）螺纹的牙顶用粗实线表示，牙底用细实线表示，表示牙底的细实线在螺杆的倒角或倒圆部分也应画出。在垂直于螺纹轴线的投影面上的投影，表示牙底的细实线圆只画约 3/4 圆弧，此时轴或孔上的倒角省略不画。如图 13.15 和图 13.16 所示。

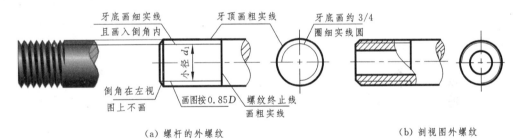

（a）螺杆的外螺纹　　　　　　　　　　（b）剖视图外螺纹

图 13.15　外螺纹的画法

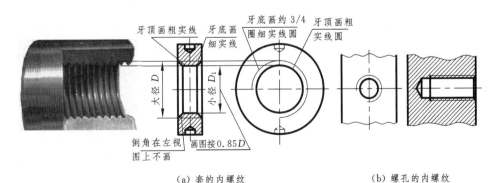

（a）套的内螺纹　　　　　　　　　　（b）螺孔的内螺纹

图 13.16　内螺纹的画法

（2）在剖视图或断面图中，剖面线都必须画至粗实线，如图 13.15～图 13.17 所示。

（3）内、外螺纹连接的画法，用剖视图表示内、外螺纹的连接时，其旋合部分按外螺纹画法，其余部分仍按各自的画法，如图 13.17 所示。

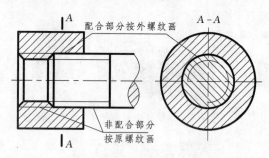

图 13.17　螺纹连接的画法

4. 螺纹的代号及标注

（1）普通螺纹的完整标记格式。

螺纹特征代号 公称直径×螺距－公差带代号－旋合长度代号－旋向代号

（2）管螺纹标注时，用指引线从大径引出，标注：

牙型代号 直径代号 公差带代号

螺纹的标注示例见表 13.3。

表 13.3　　　　　　　　　　　　　　　　螺 纹 标 注 示 例

示　　例	意　　义	说　　明
$M14-5g6gS$ （右旋粗牙普通螺纹图示）	右旋粗牙普通螺纹，公称直径 14mm，中径公差带代号 5g，顶径公差带代号 6g，短旋合长度	（1）有下列情况时标注可以简化：①粗牙普通螺纹不注螺距；②右旋不注旋向；③中径和顶径公差相同时可注写一个代号。 （2）普通螺纹规定了旋合长度的代号：S（短）、N（中）、L（长）。按中等长度旋合时，不必标注。 （3）多线螺纹标记时，螺距标注为：导程（P螺距）。 （4）当标记内容在尺寸线上方注写不下时，也可用指引线引出标注
$M14×1-5H-LH$ （左旋细牙普通螺纹图示）	左旋细牙普通螺纹，公称直径 14mm，螺距 1mm，中、顶径公差带相同为 5H，中旋合长度	
$G1A$ （非密封圆柱管螺纹图示）	非密封圆柱管螺纹，外螺纹的直径代号为 1，公差等级为 A 级	管螺纹的代号后标注的数值是指螺纹所在管孔的直径（英寸），据此尺寸可从相应的标准中查得螺纹参数

13.2.2 螺纹紧固件和连接画法

1. 螺栓连接

图 13.18（a）为螺栓紧固件连接的示意图。在两个被连接的零件上钻有比螺栓大径稍大的通孔，然后将螺栓穿入孔内，套上垫圈，再拧紧螺母。螺栓、螺母和垫圈等称为螺纹紧固件，它们通常都是标准件，因此都可以用规定标记确定规格，例如：

（1）螺栓。GB 5782　M20×60 表示：六角头螺栓，粗牙普通螺纹，直径 20mm，公称长度 60mm。

（2）螺母。GB 6170　M20 表示：六角螺母，粗牙普通螺纹，直径 20mm。

（3）垫圈。GB97.1　20 表示：垫圈，公称直径 20mm，按 A 级（不倒角）制造。

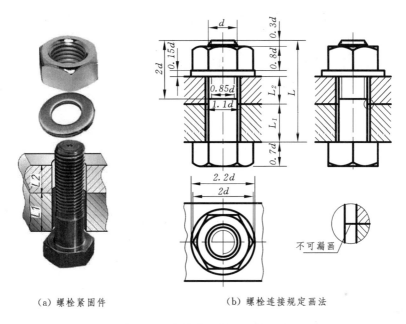

（a）螺栓紧固件　　　　　　　　　（b）螺栓连接规定画法

图 13.18　螺栓紧固件和连接画法

根据标记，可以从有关标准中查出它们的结构形式和全部尺寸，根据查出的尺寸，就可以画出其零件图和装配图。为了简化画图，也常采用按螺栓大径 d 的近似比例值画图，如图 13.18（b）所示，图中标出了画图时各部分所采用的比例值。螺栓连接常用剖视表示，按规定画法，螺栓、螺母、垫圈都按不剖画。

在装配图上，螺栓连接也常采用图 13.19 的简化画法。

2. 螺钉连接

螺钉连接用于不经常拆开和受力较小的连接中，两被连接件其一是通孔，而另一为螺纹孔。螺钉的型式很多，开槽圆柱头螺钉可以标记为：螺钉 GB/T 65 M10×30（开槽圆柱头螺钉，粗牙普通螺纹，公称直径 10mm，公称长度 30mm）。如图 12.20 所示是螺钉连接的装配图，图中标注了按螺钉大径 d 的近似比例简化画图的参

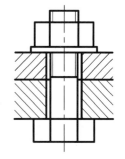

图 13.19　螺栓连接
简化画法

237

数。其中 L_1 为螺钉拧入螺孔的深度，可查有关标准确定，画图时也可根据有螺孔的被连接零件的材料近似按表 13.4 取值。

表 13.4   螺钉画图用近似值

材　料	L_1	螺孔部位	取　值
钢或青铜	d	螺孔的孔深	$L_4 = L_1 + d$
铸铁	$1.25d$	螺孔的螺纹深度	$L_3 = L_1 + 0.5d$
铅	$2d$	孔底角	$120°$

3. 螺柱连接

螺柱紧固件连接，其下部同螺钉连接，而上部同螺栓连接，多用于被连接件之一太厚，不适于钻成通孔或不能钻成通孔时。

双头螺柱的标记：螺柱 GB/T 898 M12×60（双头螺柱，普通粗牙螺纹，公称直径 12mm，公称长度 60mm，B 型）。螺柱连接的规定画法如图 13.21 所示，图中标注了采用按螺柱大径 d 的近似比例画图的参数。螺柱下部的旋入端应全部拧入机件内，所以图中螺纹终止线与机件端面应平齐。

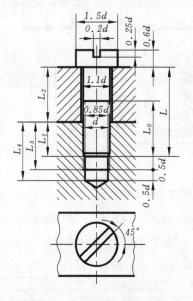

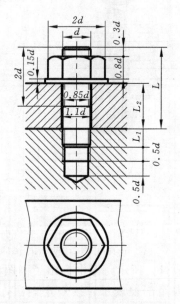

图 13.20　螺钉连接画法　　　　图 13.21　螺柱连接画法

13.3　齿　　轮

齿轮的种类和功用很多，最常用的是直齿圆柱齿轮，主要用于平行轴之间的传动，这里仅介绍标准直齿圆柱齿轮在图样上的画法，如图 13.22 和图 13.23 所示。

1. 直齿圆柱齿轮各部分的名称

（1）齿数 z。齿轮上的轮齿数。

（2）齿顶圆。通过齿顶的圆，直径用 d_a 表示。

（3）齿根圆。通过齿根的圆，直径用 d_f 表示。

（4）分度圆。标准齿轮的齿厚 s 与槽宽 e 相等的那个圆称为分度圆，直径用 d 表示。

图 13.22 直齿圆柱齿轮

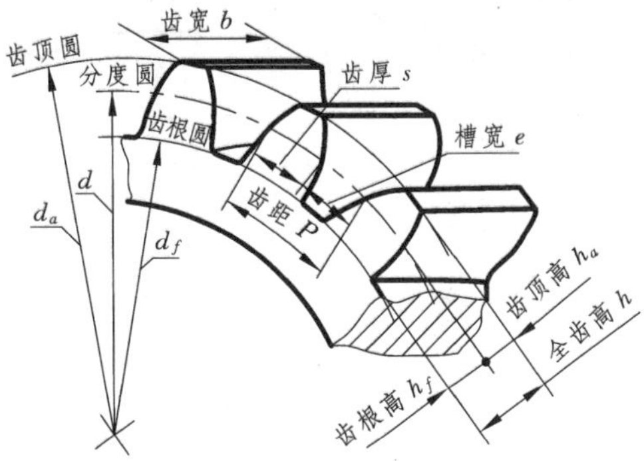

图 13.23 直齿圆柱齿轮各部分的名称

（5）齿顶高。齿顶圆与分度圆的径向距离，用 h_a 表示。

（6）齿根高。齿根圆与分度圆的径向距离，用 h_f 表示。

全齿高 $h = h_a + h_f$。

2. 圆柱齿轮的规定画法

（1）单个圆柱齿轮画法。如图 13.24 所示，齿顶圆和齿顶线用粗实线表示；分度圆和分度线用点画线表示；齿根圆和齿根线用细实线表示，也可省略不画。在轴向剖视图中，轮齿按不剖处理，齿根线用粗实线绘制。

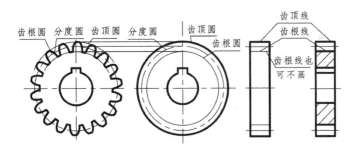

图 13.24 齿轮的规定画法

（2）齿轮啮合画法。如图 13.25 所示，非啮合区按单个齿轮绘制。啮合区的画法规定如下：

1）在垂直于轴线的视图中，齿顶圆均用粗实线绘制，如图 13.25（a）所示；必要时也可以省略，如图 13.25（c）所示；齿根圆可以省略。

2）在轴向剖视图中，轮齿部分一般按不剖处理，两齿根线均画成粗实线；一个齿轮的齿顶线画粗实线，另一齿轮的轮齿被遮挡的部分画虚线，也可省略不画，如图 13.25（b）所示。

3）在轴向视图中，一般仅用粗实线画出分度线，如图 13.5（d）所示。

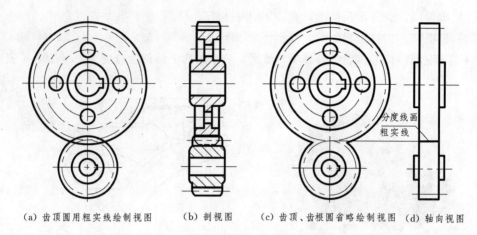

(a) 齿顶圆用粗实线绘制视图　　(b) 剖视图　　(c) 齿顶、齿根圆省略绘制视图　(d) 轴向视图

图 13.25　齿轮啮合的画法

13.4 装 配 图

13.4.1 装配图的内容

装配图是表达机器（或部件）的图样，装配图必须具有下列内容：

（1）一组视图。表达机器（或部件）的结构、工作原理、装配关系、各零件的主要结构和形状的有关视图。

（2）必要的尺寸。标注出机器（或部件）的规格、配合、安装和总体尺寸。

（3）技术要求。说明机器（或部件）的性能、装配和检验等要求。

（4）标题栏、零件编号和明细表。

13.4.2 装配图的表达

装配图不仅要表达机器（或部件）的组成结构、工作原理和各零件的装配关系，还需要把装配体的内外结构和零件的基本形状表达清楚，所以表达上除了采用以往所述的各种画法（拆卸画法、假想画法、简化画法等）以外，还采用了一些规定画法，如图 13.1（b）所示：

（1）零件的工艺结构如小圆角、倒角、退刀槽等可以不画。

（2）两零件的接触表面只用一条轮廓线表示，不接触表面画两条线。如图中轴瓦的内、外表面分别与轴、轴承座孔有配合关系，是相互接触的一对表面，因此画一条线，而螺栓与轴承压盖上的光孔不接触，故画两条线。

（3）所有剖视、断面图中，相邻两零件的剖面线方向应相反，或者方向一致间距不等。同一零件的剖面线方向和间距必须一致。

（4）当剖切面通过标准件或实心零件的轴线时，这些零件按不剖画出，如图中的螺栓、螺母、油杯等。但当垂直于这些零件的轴线去剖切时，则仍应画出剖面线，如图中的螺栓在俯视图中仍要画出剖面线。

13.4.3 装配图的尺寸

如图 13.1（b）所示，装配图主要用于装配和安装，因此只须注出下列几类尺寸：

（1）规格尺寸。说明装配体规格、性能的尺寸。如图中的轴孔直径 $\phi50H8$。

（2）装配尺寸。装配体各零件间装配关系的尺寸。如图中轴承盖与轴承座的配合 90 H8/f9，轴衬与轴承盖、轴承座的配合尺寸 $\phi60\ H8/k7$。

（3）安装尺寸。将装配体安装到工作位置上所需要的尺寸。如图中轴承座底板上的安装孔 17 和定位尺寸 180。

（4）外形尺寸。装配体的总长、总宽和总高尺寸。这类尺寸是包装、运输、安装等所需的数据，如图中尺寸 240、80、152。

（5）其他重要尺寸。为满足设计要求所需要的尺寸，如图中轴承孔到安装面的距离 70。

13.4.4　装配图上的零件序号、明细表和技术要求

装配体上每个零件都必须进行编号，并将各个零件的序号、名称、数量和材料等列成明细表，序号编注按以下要求：

（1）相同的零件（或部件）只编一个序号。

（2）序号的编注形式详见图 13.1（b）。指引线用细实线自零件的可见轮廓线内引出，并在起始端画一圆点，在末端用细实线画一条水平线（或圆），在水平线上（或圆内）注写序号，序号字高比图中尺寸数字大一号。指引线彼此不相交，避免与剖面线平行。紧固件组（如螺栓、螺母、垫圈）可共用一条指引线，如图中的零件 5、零件 6。

（3）序号应沿水平或垂直方向，按顺时针或逆时针顺序整齐排列。

明细表紧靠在标题栏上方，零件的序号、名称、数量和材料等按序号顺序由下向上填写。

图的下方空白处，注写机器（或部件）装配时必须遵守的技术要求。

13.4.5　装配图的阅读

阅读装配图要从了解该机器（或部件）的工作原理入手，沿运动零件的装配关系，弄清各零件的大致形状，从而得到完整的概念，下面通过图 13.1（b）正滑动轴承的装配图的阅读，了解一下装配图的阅读过程。

1. 概括了解

滑动轴承是支承转动轴的部件，由 8 个零件组成（3 个标准件和 5 个非标准件），装配图由三个视图表达。主视图采用半剖视，反映了滑动轴承的总体装配关系和工作原理；左视图拆去了油杯，采用半剖视图画出；俯视图采用了半剖视图，右侧剖视部分拆去了轴承盖和上轴瓦等零件画出。从三个视图可以看出，轴承的外形轮廓及其外形尺寸 240×80× 152，对照明细表可以了解各零件的序号、名称、材料和数量，对部件的形状、组成、装配关系和功能作初步了解。

2. 看懂装配关系和工作原理

轴承的装配关系主要在主视图中表达，由图 13.1（b）可见，在轴承座和轴承盖之间放置下轴瓦和上轴瓦，轴瓦的固定套穿在上轴瓦和轴承盖的小孔内，固定套既起着固定轴瓦位置的作用，又是油杯中润滑油进入轴瓦内表面的通道。轴承座和轴承盖由两根方头螺栓和四个六角螺母紧固。由图上所注尺寸可看出：$\phi50H8$ 和高 70 等是选择该轴承时的规格尺寸；90H9/f9 为轴承座和轴承盖上止口的配合尺寸。上、下轴瓦与座、盖的配合尺寸

为 $\phi 60H8/k7$。安装尺寸为底座上安装孔距 180，孔宽（腰子孔）170。

3. 看懂零件的结构形状

轴承座、盖是主要零件，可以根据投影关系和剖面线的方向找出有关视图，看懂它们的结构形状。上、下轴瓦是两个半圆柱瓦片形的零件，由两端契口分别卡在座、盖内侧，轴瓦的内表面直接和转动轴相接触，通过轴瓦固定套的加油口可以直接润滑。

在进行上述分析后，可以根据上述归纳的内容进行综合，以获得完整概念。

参 考 文 献

［1］ 殷佩生，吕秋灵. 画法几何及水利工程制图［M］. 6 版. 北京：高等教育出版社，2015.

［2］ 中华人民共和国水利部. 水利水电工程制图标准：SL 73—2013［S］. 北京：中国水利水电出版社，2013.

［3］ 朱育万，卢传贤. 画法几何及土木工程制图［M］. 4 版. 北京：高等教育出版社，2010.

［4］ 焦永和，张京英，徐昌贵. 工程制图［M］. 北京：高等教育出版社，2008.

［5］ 大连理工大学工程图学教研室. 机械制图［M］. 7 版. 北京：高等教育出版社，2013.

［6］ 谭建荣，张树有，陆国栋，等. 图学基础教程［M］. 2 版. 北京：高等教育出版社，2006.

［7］ 中华人民共和国国家质量监督检验检疫总局，中国国家标准化管理委员会. 技术制图—投影法：GB/T 14692—2008［S］. 北京：中国标准出版社，2008.

［8］ 中华人民共和国住房和城乡建设部，中华人民共和国国家质量监督检验检疫总局. 建筑制图标准：GB/T 50104—2010［S］. 北京：中国计划出版社，2011.

［9］ 印翠凤. 水利工程制图［M］. 2 版. 南京：河海大学出版社，2002.